送電線路の絶縁と中性点接地方式

埴野 一郎 著

「d-book」シリーズ

http：//euclid.d-book.co.jp/

電気書院

目 次

1 送電線に発生する異常電圧
- 1・1 外 雷 …………………………………………………………………… 2
- 1・2 内 雷 …………………………………………………………………… 4

2 架空送電線路のがいし
- 2・1 がいしの種類 ………………………………………………………… 11
- 2・2 ピンがいし …………………………………………………………… 11
- 2・3 円板形懸垂がいし …………………………………………………… 12
- 2・4 長幹がいし …………………………………………………………… 13
- 2・5 ライン・ポストがいし ……………………………………………… 14
- 2・6 その他のがいし ……………………………………………………… 14
- 2・7 がいし金具 …………………………………………………………… 15

3 がいしの電気的，機械的性能
- 3・1 がいしのキャパシタンス …………………………………………… 17
- 3・2 がいしの漏れ距離とフラッシオーバ距離 ………………………… 17
- 3・3 がいしの電圧分布 …………………………………………………… 18
- 3・4 がいしのフラッシオーバ電圧 ……………………………………… 19
- 3・5 がいし取付け部分のコロナ ………………………………………… 21
- 3・6 がいし汚れの影響 …………………………………………………… 21
- 3・7 がいし1連の個数決定 ……………………………………………… 22
- 3・8 がいしの機械的強度 ………………………………………………… 23
- 3・9 がいしの劣化 ………………………………………………………… 24
- 3・10 劣化がいしの検出 …………………………………………………… 24
- 3・11 がいしの試験 ………………………………………………………… 26

4　架空送電線路の雷害対策

　　4・1　架空地線 …………………………………………………………… 27

5　絶縁協調　　　　　　　　　　　　　　　　　　　　　　　　31

6　送電線路の絶縁・演習問題　　　　　　　　　　　　　　　　34

　　送電線路の絶縁・演習問題の解答 ……………………………………… 42

7　中性点接地方式

　　7・1　非接地方式 ………………………………………………………… 45
　　7・2　消弧リアクトル接地方式 ………………………………………… 46
　　7・3　高抵抗接地方式 …………………………………………………… 51
　　7・4　直接接地方式 ……………………………………………………… 51
　　7・5　抵抗リアクトル並列接地方式 …………………………………… 52
　　7・6　その他の中性点接地方式 ………………………………………… 52
　　7・7　有効接地系統と非有効接地系統 ………………………………… 53
　　7・8　有効接地系統と異常電圧 ………………………………………… 53

8　開閉所

　　8・1　開閉所の目的 ……………………………………………………… 54
　　8・2　開閉所の位置と間隔 ……………………………………………… 54
　　8・3　開閉所の結線方式 ………………………………………………… 55
　　8・4　開閉所の諸設備 …………………………………………………… 56

9　中性点接地方式の演習問題　　　　　　　　　　　　　　　　59

　　中性点接地方式・演習問題の解答 ……………………………………… 62

架空送電線路は，直接外気に暴露されている関係上，気象のあらゆる条件に耐えなければならない．機械的影響については他テキストにゆずることとし，このテキストでは，主に電気的影響を問題として，とくに発生の機会が多い雷放電（lightning discharge）や，送電線路自身の操作による異常電圧上昇（abnormal rise of voltage）に着目し，架空送電線路の絶縁（insulation of aerial transmission line）が十分これに耐えて，不断の電力供給（continuity of power service）が行われることを，眼目とする必要がある．しかし，施設に対する経済性を忘れるべきでない．すなわち，雷放電は予測がかなり困難であるから，送電線路の絶縁があらゆる雷放電に耐えることは，もちろん不可能であるので，避雷器（lightning arrester）の活用にまつべきである．

　地中送電線路（underground line）もまた，送電線路の一環を形成するが，直接気象上の影響を受けないけれども，架空送電線路からの異常電圧の波及や地中送電線路の開閉による異常電圧を考えておかねばならない．

　さて，送電線路の絶縁設計にあたって，いかなる点を考慮すべきかを列挙すれば，つぎのようである．

　（a）送電線路の構造
　（b）異常電圧の波形（wave form），波高値（crest value）および発生頻度（frequency）
　（c）避雷器・遮断器・保護継電方式（protective relay scheme）などの性能，中性点接地方式（grounding method of system neutral）の種類
　（d）送電線路経過地の地勢（topographical feature of line route）
　（e）気象条件（meteorological condition）
　（f）送電線路の重要度（degrees of importance）
　（g）送電線路の保守（maintenance）と事故（fault）復旧の難易
　（h）絶縁強度（insulation strength）の増加による事故減少度
　（i）絶縁の強化と建設費（installation cost）と保守費（maintenance cost）との関連

などで，かなり広範囲の問題点を考慮しなければならない．

1　送電線に発生する異常電圧

　架空送電線の異常電圧としては，各種の原因で発生する雷雲が送電線路へ放電する場合に起こる異常電圧がもっとも大きい．また，雷雲からの誘導で送電線に異常電圧が生ずる場合もあるが，これら外部的原因から発生する異常電圧を**外雷**（external lightning）という．

　一方，送電系統を構成する1送電線を，系統の運用上開閉しなければならないことが起るが，相当こう長のある送電線を開閉すれば，その過渡現象（transient phe-

外雷

1　送電線に発生する異常電圧

nomena）は，そう簡単なものでないので，理論的に開閉時の異常電圧を求めにくい．
このほか，送電線の1線地絡（line-to-ground）や線間短絡（line-to-line short circuit）

内雷　などの内部的原因により発生する異常電圧を，**内雷**（internal lightning）と名づける．

1・1　外　雷

外雷すなわち外部原因からくる異常電圧のうちもっとも大きいものは，雷雲が送
直撃雷　電線路に直接放電する場合であって，これを**直撃雷**（direct stroke of lightning）とい
い，送電線事故原因の60％以上を占める場合がある（154kV送電線路の統計）．多く
は，地上高の大きい鉄塔を襲うのであるが，径間中の架空地線や送電線に直撃があ
る場合もないではない．

誘導雷　　なお，雷雲から誘導で発生する場合を，**誘導雷**（induced lightning）というが，直
撃雷による異常電圧よりも小さい．

直撃雷によって発生する異常電圧に対し，送電線のもつ絶縁強度によって耐える
には非常に大きな絶縁を必要とするから，とても経済的に成立つことを望めない．
よって，発変電所などの電気所に避雷器を設けて，一定以上のレベルで避雷器を放
電させ，送電線に加わる異常電圧を抑制するのが常道というべきである．

　(a)　**直撃雷の電圧波高値**

直撃点での実測値をうることはほとんど不可能に近い．しかし，近接点での実測
結果として，波高値が数百万Vに達した記録がある．このような大電圧波高値が線
フラッシオーバ　路に加わると絶縁保持ができず，がいし連などは**フラッシオーバ**（flashover）して
鉄塔などを通じ大地へ放電するので，波頭長（wave front）としては数 μs で波高値
になるが，波尾長（wave tail，波高値が1/2になるまでの全時間）は数10 μs 程度で
減衰していくことが多い．

　(b)　**雷撃電流**

直撃雷の電流の測定には，精密には高速度ブラウン管オシログラフ（high speed
磁鋼片　Braun-tube oscillograph）が使われるが，実用的なのは**磁鋼片**（magnetic steel bar）
でる．薄鋼板を積層し保護筒におさめたもので，鉄塔の主脚材に雷撃電流が分流す
る場合に生ずる磁束方向に磁鋼片を取りつけておくと，雷撃電流により磁鋼片は磁
化されて磁気モーメントが生ずるから，これを測定することによって雷撃電流の波
高値と極性を知ることができる．

発生ひん度　　図1・1は，わが国における実測結果の一例で，**発生ひん度**とは，雷撃電流の波高
値がたとえば60kAになったのが，全実測数の30％であったことを示している．図
1・1では，雷撃電流と鉄塔電流を示したが，雷撃電流の一部は，架空地線へも分流
する．

雷撃電流の極性は，ほとんど負極性（negative polarity）であって，μs あたりの上
昇度は，多くは20kA以下であり，また，波高値は100kAを越えるものはあまり多く
ない．

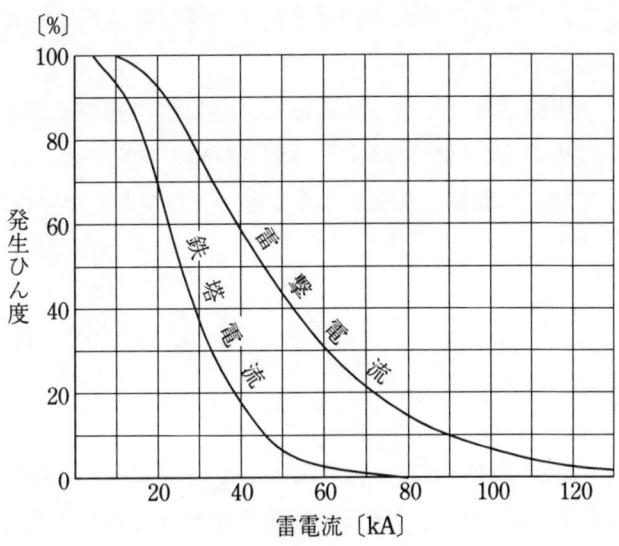

図1・1　鉄塔雷電流の大きさとその発生ひん度（日本の例）

(c) 標準衝撃波

雷撃電圧および電流の各波形を，直撃点から離れた地点で実測したものを見ると，波頭長の間における立上りの波形はかなり複雑であるが，波尾長のほうは比較的きれいな波形で減衰することが多い．このような点を考え，機器の衝撃電圧試験に際し，**図1・2**のような波形が**標準衝撃波**（standard impulse wave）として採用され，波頭長を1μs，波尾長を40μsとする．

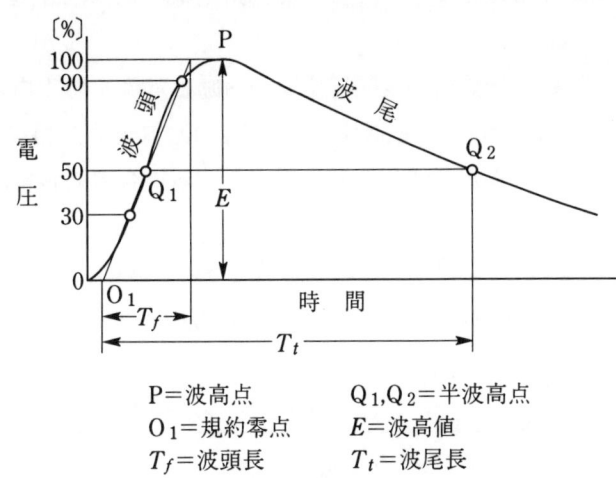

P＝波高点　　　Q_1, Q_2＝半波高点
O_1＝規約零点　E＝波高値
T_f＝波頭長　　T_t＝波尾長

図1・2　標準衝撃波

(d) 誘導雷

雷雲相互間あるいは雷雲と大地間に放電があった場合，近接している送電線に誘導により異常電圧が起こる．

その理由を概述すると，つぎのようなメカニズムによるものが考えられる．すなわち，ある極性の雷雲が送電線に近接すると，静電誘導（static induction）により，雷雲の近傍の送電線に反極性の**拘束電荷**（bound charge）が現われ，送電線の両遠端に，拘束電荷と等しく反対の極性をもつ**自由電荷**（free charge）ができる．

この自由電荷は，多数のがいしその他のリーカンスを通じ消失するので，拘束電荷だけが残る．雷雲が他の雷雲あるいは大地へ放電すると，拘束電荷を与えていた雷雲の電荷がなくなり，送電線の拘束電荷は自由電荷となるので，送電線の対地キャパシタンスにしたがった異常電位を生ずる．これが誘導雷による異常電圧であっ

て，拘束電荷が大きいほど，また雷雲の放電時間が短いほど，急速でかつ大きな異常電圧となる．

実測されたところによると，誘導雷に基づく異常電圧は，直撃雷に比べて波高値は小さく200kVを越すものがきわめて少ない．よって，地上高の低い66kV級送電線では，誘導雷を考慮しなくても，さしつかえない程度だといわれている．

1·2 内 雷

内部的異常電圧　　送電系統の開閉操作（switching operation），高周波電圧（higher harmonic voltage）の存在，ないしは機器の配置と中性点のあり方などにより，**内部的異常電圧**が発生する．

(a) 開閉動揺

開閉サージ　　すなわち，送電線の開閉操作による異常電圧で，よく**開閉サージ**（switching surge）といわれているものである．要するに，送電線は分布定数回路であるから，突発的原因に基づく過渡現象は，相当複雑であることは容易に理解されるであろう．

とくに，送電線の受電端高圧側遮断器が開かれていて，送電端から充電電流だけ，いいかえれば90°に近い進相電流が送られているような場合に，送電端遮断器を開

開閉異常電圧　いたときの**開閉異常電圧**はもっとも大で，送電線の絶縁設計上，大いに注目しなければならない．

これとは反対に，無負荷の変圧器すなわち励磁電流を切る場合，あるいは分路リアクトル（shunt reactor）を遮断するような，90°に近い遅相電流を切る場合もまた異常電圧の誘起があるが，無負荷の送電線を切る場合の異常電圧のように大きくはない．

図1·3は，無負荷送電線の充電電流を送電端遮断器CBで切る場合の系統図で，電源Gは所定の3相正弦波起電力を発生しているものとする．

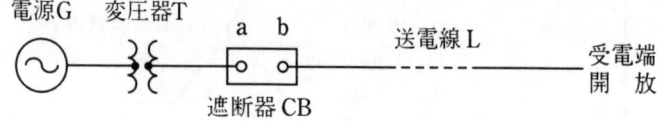

図1·3　無負荷送電線の送電端における遮断

変圧器Tの高圧側における電力周波対地電圧の最大値をE_m〔V〕と考えることができるが，CBが遮断できるのは，どの種類の遮断器でも，通過進相電流が$i=0$になったときに完全に切れるので，CBのアークのため波形は幾分ひずんでいる．したがってこの瞬時，電圧波eは最大値E_mに達しているので，送電線Lは全線E_mで充電されていることになる．

CBの同一相の両電極a－b間の絶縁が十分であれば，$i=0$，$e=E_m$なる瞬時から半周期後には，a極の電圧はGおよびTから与えられる正弦波電圧に従う電圧であるので$-E_m$となり，b極はE_mとなっているゆえ，a－b間電圧は$2E_m$〔V〕になる．もし，このCBの絶縁がこの$2E_m$に耐えることができない場合，a－b両極間に放電

1·2 内雷

再点弧 | が起こるので，これを**再点弧**（reignition）が生じたという．

電圧サージ | このような場合，送電線における**電圧サージ**（voltage surge）は，どんな形態を示すかを，直列抵抗および並列コンダクタンスのない理想的な場合，すなわち直列インダクタンス L 〔H/km〕と並列キャパシタンス C 〔F/km〕だけの場合について説明しよう．

再点弧が生じた場合，つぎの二つの場合に分けて考えたほうが便利である．まず，送電線が E_m で充電されていて，その左端の b 点で接地したときに生ずるサージと，送電線に電荷を与えないで電圧 0 としておき，電源 G および変圧器 T により $-E_m$ となっているとき，a－b 間を閉じたときの動揺との二つの場合である．

第 1 の場合は，送電線 L を E_m で充電しておいて，急に b 点で接地したとすると，

電荷の自由振動 | この接地がきっかけとなって，**電荷の自由振動**（free oscillation）が起こるが，その

進行波 | 場合の電圧波は，$E_m/2$ なる伝搬方向の互に反対な二つの**進行波**（travelling waves）となる（図 1·4）．なお，b 点は常に電圧 0 に保たれるように二つの進行波が伝搬するが，受電端は開放されているので，A および B の進行波は反射されて相重なる．

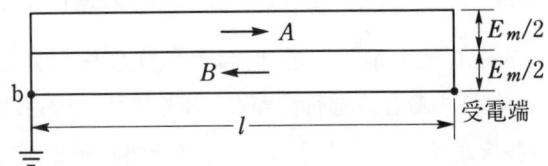

図 1·4　b 点を急に接地した場合の自由振動

図 1·5 は，b 点接地の瞬時から，送電線の中央すなわち $l/2$〔km〕までに伝搬した

伝搬速度 | 場合，**伝搬速度**（propagation velocity）は $1/\sqrt{LC}$〔m/s〕であるので，時間にすれば，

$$\frac{\dfrac{l}{2}}{\dfrac{1}{\sqrt{LC}}} = \frac{1}{2}\sqrt{LC}\cdot l \ \text{〔s〕} \tag{1·1}$$

における A，B 両進行波の伝搬状態を示したものである．

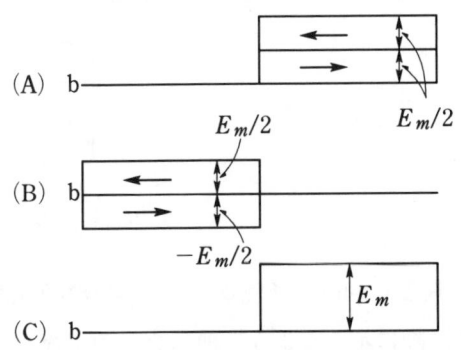

図 1·5　図 1·4 の b 点が接地した瞬時から $\dfrac{1}{2}\sqrt{LC}\, l$ 〔s〕後の各電圧進行波

（A）は A の進行波が受電端で反射して相重なった場合を，また（B）は B の進行波が b 点の電圧が 0 になるよう反射した場合を示しているが（C）は A と B の合成電圧波が送電線に残る状態を示す．以後，式（1·1）で示した時刻ごとの A および B 両進行波の伝搬モードならびに合成電圧波が描けるので，自ら試みられたい．

第 2 の場合は，変圧器 T において $-E_m$ 一定として a－b 間を閉じるのであるから，この場合の b 点から伝搬していく電圧波の模様のそれぞれは，図 1·6 に示すとおりで，b 点が常に $-E_m$ に保持されていることを忘れてはならない．

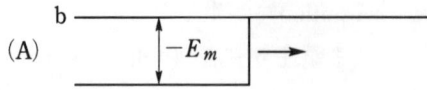

(A)

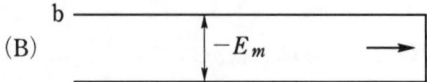

(B)

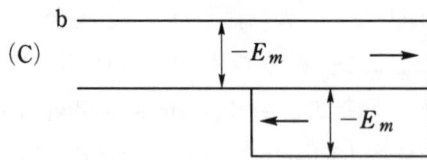

(C)

図1・6 b点(左端)を$-E_m$一定に保ちつつa-b間を閉じたときの電圧進行波

第1と第2の二つの場合を重ね合せた場合のが, 遮断器CBにおいてa－b両極間に再点弧が発生した場合であるから, 図1・5と図1・6の合成電圧進行波は, 図1・7のようになる. 図(a)は再点弧後 ($\sqrt{LC}\cdot l/2$)〔s〕後における進行波で, C_1は第1, またC_2は第2に対する合成進行波を示し, 図(b)は$1\frac{1}{2}\sqrt{LC}\, l$〔s〕における第1および第2の場合のそれぞれに対する合成進行波がC_1およびC_2であって, 点線のA_1と鎖線のB_1は, C_1の内容を示す. このようにして, 1度再点弧が起こると, b点したがって送電線の対地電圧が$-3E_m$に達することがわかる.

電流進行波|電流進行波も, 電圧進行波に$\sqrt{L/C}$〔Ω〕なる**波動インピーダンス**(surge impedance)の逆数$\sqrt{C/L}$〔S〕を乗じて得られるから, その詳細を略すが, b点の合成電流波が0のとき, および遮断器の構造いかんにより再点弧の放電がやむ.

波動インピーダンス

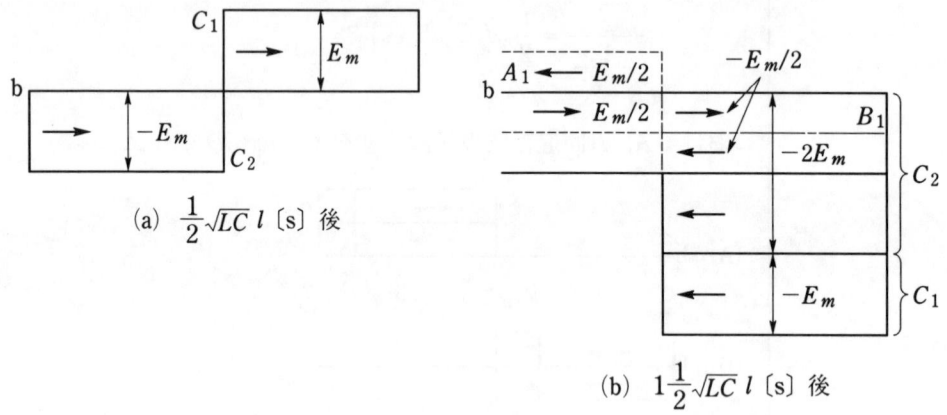

(a) $\frac{1}{2}\sqrt{LC}\, l$〔s〕後

(b) $1\frac{1}{2}\sqrt{LC}\, l$〔s〕後

図1・7 送電端遮断器でa-b間に再点弧が生じた場合の電圧進行波

実際の送電線は, 図1・4以降に示したような簡単なものでなく, 3～6線条からなるのであるから, 上記説明は概念であることを承知されたい.

なお, これまでは, ただ1回の再点弧の場合について記述したが, b点したがって送電線の対地電圧が$3E_m$にもなるので, 電力周波のさらに半周期後では, 遮断器の変圧器側a極の対地電圧がE_mになるので, $-3E_m$になっているb極との間の電圧が$4E_m$にもなるから, また再点弧が発生することが予想される.

しかし, 実際の送電系統では送電端機器があり, また直列抵抗やこの種の対地高電圧に基づくコロナすなわち並列コンダクタンスなどのために, かなり電圧進行波

1·2 内雷

開閉異常電圧

の減衰を伴うので，開閉異常電圧としては，送電線の対地電圧が，$3.5E_m$以下が多く，$4E_m$になる場合はきわめてまれである．

図1·8は，図1·3に示した無負荷送電線の開閉異常電圧変動状況を，ブラウン管オシログラフで撮ったオシログラムの一例であるが，e_Tは変圧器側a極，e_Lは送電線側b極の各対地電圧であり，I_Cは充電電流を示す．

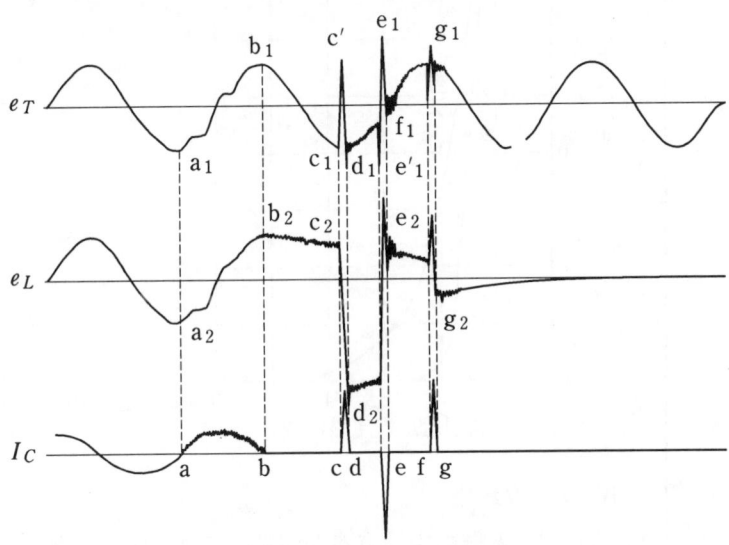

再点弧現象

図1·8 再点弧現象

この図1·8の三つの波形を見れば，だいたいわかると思うが，I_C波形においてa点で遮断器が開き始め，ab間ではまだアークが続いているが，b点で電流が0となるので，アークが切れ完全に遮断動作が終了している．この瞬時の電源側および送電線側対地電圧は，b_2およびb_1のそれぞれに示すようほぼ最大値であるので，送電線はこの最大値で充電されて，$b_2 c_2$のようにほぼ一定である．

e_Tは電源であるから，独立に$b_1 c_1$のように正弦波変動をなすので，e_Tとe_Lの差すなわち$2E_m$が遮断器の両極に加わることはすでに述べたとおりである．ところが，両極間距離が十分開かれていないとすれば，この$2E_m$によって再点弧がcdの間に発生することは前に示したとおりであって，e_Lはd_2の大きさになっている．再点弧の消失するd点は，高周波振動電流の0点で起こるのは当然であり，図1·8の場合は，再点弧が3回発生した例であるが，再点弧回数が多いほど大きな異常電圧が発生する．

さて，無負荷電線を送電端で遮断した場合の開閉異常電圧の大きさを，回路解法により求めることはかなり困難があるので，これまで多くの実測が行われてきた．

常規対地電圧に対して，何倍位かの見当もだいたい記したところであるが，図1·9は，わが国で154kV送電線のいくつかについて，多数実施した試験結果である．この図でもわかるように遮断器開放時のほうが，投入時よりかなり高いことが，一般の送電線についていえる．また，このような開閉異常電圧の持続時間は，長いもので10ms程度のものも発生する場合があるが，多くは数μsの短時間であるから，送電線の絶縁部分として受ける加圧エネルギーは，必ずしも大きくない．

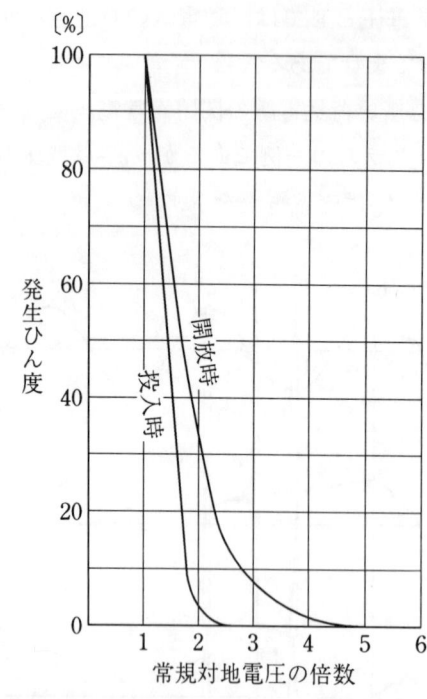

図1・9 送電線開閉異常電圧の大きさと
その発生ひん度（154kV）

(b) アーク地絡

アーク地絡　3相送電線系統の中性点が非接地式である場合，種々の原因によって1線が地絡すると，多くの場合にアークを伴うので，**アーク地絡**（arcing ground）という．アークの抵抗は，154kV系統において数Ωにすぎない．もちろん非接地式中性点の場合の地絡点に通ずる電流は，地絡相対地電圧に対してほぼ90°位相の進んだ電流である．

地絡点ではアーク抵抗が小さいので，1線地絡点の電圧がはなはだしく降下するから，もはやアークを維持できないので一度アークが消失する．このため，ただちに地絡点の対地電圧が回復するので，またアークが発生する．これは，ちょうど開閉異常電圧の再点弧と同様であるから，やはり，異常電圧の発生をまぬがれないので，はなはだしい場合，常規対地電圧の5倍におよんだ例があるという．

しかし，中性点は66kV級以下の送電線などでは非接地式の場合があるが，66kV級またはそれ以上の高い電圧の送電線の中性点は，接地用変圧器や高抵抗または消弧リアクトル接地方式を用い，超高圧送電線では直接接地方式によっているので，アーク地絡が続くことがない．

(c) 消弧リアクトル接地方式と直列共振

中性点接地方式のうち，消弧リアクトルによる接地方式は，3線ないし6線の全対地キャパシタンスと共振するようなリアクトルを中性点に設け，1線地絡事故の際，地絡点から見て並列共振を起こさせ，地絡電流を消去しようとする．

残留電圧　したがって，平常において，もし変圧器の中性点に**残留電圧**（residual voltage）が存在したとすると，消弧リアクトルと全対地キャパシタンスとは直列となっているので直列共振を起こすから，電力周波をもって対地電圧が非常上昇する．

直列共振　上述の残留電圧は，主として送電線の撚架が不十分である場合に発生するのであるので，消弧リアクトル接地系統では，とくに対地キャパシタンスが平衡するよう撚架を完全にしなければならない．

1·2 内雷

つぎに，消弧リアクトル接地方式において，もし送電線の1線ないし2線の断線事故（one- or two-line breaking fault）が発生すれば，中性点に電力周波の異常電圧が発生する．

(d) 高周波電圧による直列共振

1線地絡その他の不平衡故障が発生した場合，送電系統にある同期発電機の磁極に制動巻線すなわちアモルト巻線（damper or Amortisseur winding）がないと，誘起起電力に高周波電圧が現われるので，これのある周波が，系統の電磁機器のインダクタンスと送電線のキャパシタンスとが**直列共振**を起こし，異常電圧となる場合がある．

よって，最近の水車発電機には，ほとんど制動巻線を施すのが普通である．なお，制動巻線があれば，系統の相差角動揺（phase-angle swing）に対しても，まさに制動効果を発揮させることができる．

制動巻線

2 架空送電線路のがいし

制限電圧　　前章で，送電線路に発生する異常電圧について詳述した．これらは，もとより突発的に発生するのであるが，線路絶縁の強度に対するきめ手となる．絶縁強度をどのように考えるかについて，外雷に対し**避雷器の制限電圧**（critical discharge voltage）に依存し，内雷については，開閉異常電圧を常規対地電圧の4倍程度とするが，結局は，わが国制定のJISまたはJECの絶縁基準（basic insulation level，略記BIL）によるべきである．

線路絶縁　　さて，定常状態の線路絶縁としては，架空線の場合，主として，がいし（insulator）により，地中ケーブルでは，油浸絶縁紙，人造ゴム，架橋ポリエチレンなどが使われている．

　　　　　この章では，架空線に対するがいしについて概説しよう．

がいし　　がいしの役目は，送電線を鉄塔などの支持物から電気的に絶縁する目的のほかに，風雨を始め気象条件に関連をもつ外力と電線そのものを支持するための重量などに機械的に耐える構造でなければならない．

そこで，がいしが具備すべき事項を列記すれば，つぎのとおりである．

(a) 常規電圧に耐えるのはもちろん，内部異常電圧に対し十分な絶縁強度をもつため，要求される電力周波および衝撃波試験電圧に合格すること．

(b) 雨，雪，霧，塩害などに対し，十分な電気的表面抵抗をもたせ，漏れ電流を極微にし，かつ，せん絡放電（flashover）を起こさないようにしなければならない．

(c) 電線重量のほかに，風力や付着した雪，氷などの外力にたえる十分な機械的強度があること．

(d) 温度に急変が生じたとき，き裂などの損傷を起こさず，かつ吸湿のないこと．

(e) 長年月の使用に対し，コロナによる表面変化，電線の持続振動など電気的ならびに機械的に，がいし劣化（deterioration of insulator）がわずかであること．

(f) 以上必要条件を備え，かつ生産方法が簡易で，価格が安くなければならない．

以上の要望をみたすがいしは，わが国では主として，磁器製がいし（porcelain insulator）が採用されているが，諸外国では，湿気（moisture）が少ないためか，ガラス製がいし（glass insulator）がかなり使われている．いずれの素材のがいしであっても，がいしそのものは，圧縮（compression）には強いが，張力（tension）には弱い．

がいし用磁器　　**がいし用磁器**は陶土，長石および石英をそれぞれ微粉にして，4：3：2の比でよく混合したものに水を加え，型に入れ圧力を与えて成形したものを乾燥する．さらにこの上に陶土と長石を主成分とする釉薬（うわぐすり）を施したものを，1300°～1400°Cに3～4昼夜熱したのが，白色表面のがいしであるが，外国では着色のも

のが使われることが多い．この際の温度の昇降を急にすると，がいし内部に局部的ひずみをもち，わずかの外力が加わるとすぐ破損する．このほか，がいし表面に，シリコーンなど特殊塗料を施して，塩害防止に役立てている．

2·1 がいしの種類

懸垂がいし　　架空送電線路用のがいしとしては，懸垂式（suspension type）のものと下端支持式（post type）の大別があるが，従来から使われている**懸垂がいし**は円板形懸垂がいし（disc-type suspension insulator）であって，中実棒形の長幹がいし（long-rod insulator）などが，採用度が高くなった．下端支持式のものは，従来からのピンがいし（pin-type insulator）のほかに，円筒ないし中実円柱形ポストがいし（hollow and solid cylindrical line post insulator）などがよく使われるようになった．

また，耐霧（mist proof）または耐塩（salt proof）用として，特殊懸垂がいしがある．

以上の各種がいしを下端で支持し，かつ数個をつなぎ剛体として発変電所における高電圧側電線の支持用がいしとして使われている．

2·2 ピンがいし

高圧用では磁器片（porcelain shell）はただ1個であるが，特高用のものは**図2·1**に示すように，2～4枚の磁器片を用い，各々セメントで接着させる．

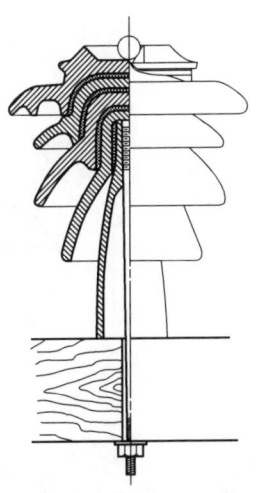

図2·1　腕木用ピンがいし

ピン　　いわゆるピンは亜鉛めっきした鋼材であるが，高圧用の小形では磁器と直接セメントで接着させる．特高用では，まず磁器片に鋳鉄製のシンブルをセメントで接着させ，シンブルの内側にねじ山を切り，これにピンをねじこむのである．なお，腕木または腕金の上に，ピンがいしを堅く固定するために，鋳鉄製のベースを用いる．

ピンがいし　　普通ピンがいしは，使用電圧のkV数をもって号数としてよぶ．たとえば，20kV

用を20号とする．大体ピンがいしは，号数が多くなるほど，磁器片数も増すので，その一つでも損傷を受けると使いものにならなくなるという欠点があり，ピンがいしによる高電圧送電線の新設は，あまり採用を見なくなった．

表2·1は，特高用ピンがいしの寸法表であるが，60号ともなれば重量が27.5kg，高さが0.5m前後にもなる．

表2·1 特別高圧ピンがいしの主要寸法と試験荷重

種別	磁器の層数	最大直径〔mm〕	取付面上の高さ〔mm〕	ピンの直径〔mm〕	重量〔kg〕（金具付）
10号	2	200	190～210	16	3.5
20号	3	240	245～265	16	6.4
30号	3	300	310～330	16	11.5
40号	3	350	375～400	19	17.0
50号	4	400	435～465	19	26.0
60号	4	430	490～515	22	27.5

2·3 円板形懸垂がいし

図2·2(a)と(b)は，従来から普通に使われている円板形懸垂がいしであって，(a)を**クレビス形**（clevis type）(b)を**ボール・ソケット形**（ball and soket type）といい，1枚の磁器片の上部には可鍛鋳鉄製のキャップを，また下部の中心には鋼製のピンまたはボールを，それぞれがセメントで接着したものが，がいし単位である．

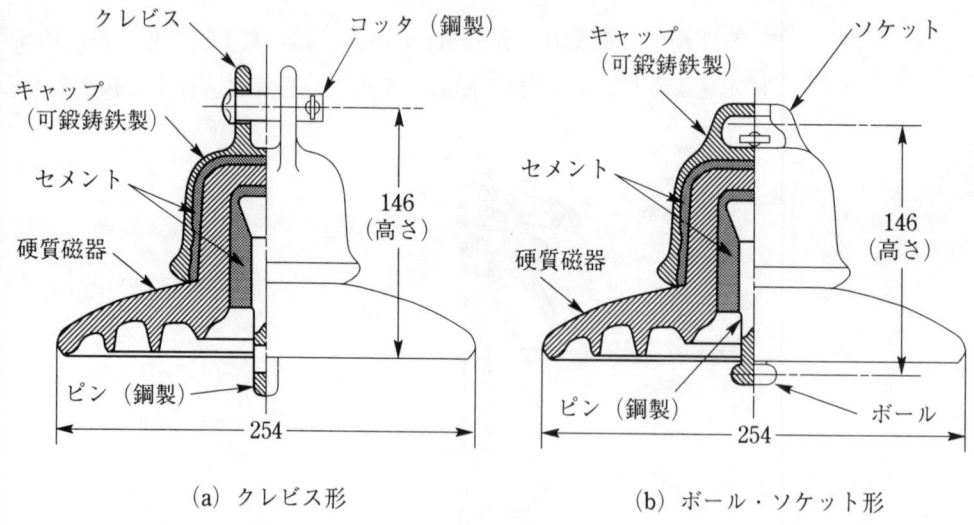

図2·2

(a)図のクレビス形では，キャップの上部をクレビスといい，この部分に上方がいしのピンをそう入し，コッタ・ボルト（割りピンでで止めてある）で2個のがいしがつながれるが，(b)図のボール・ソケット形は，キャップの上部に先端がだ円形になっているボールの短径が入るだけの穴をもつソケットがあって，上方になるがいしのボールを90°まわせば長径がソケットの穴と直角になり，完全に二つのがいしがつながれる．

わが国では，径254mm（10インチ，高さ146mm）のものと，径178mm（7インチ，高さ105mm）のものを，公称250mmおよび180mmとし，250mmのものはクレビスとボール・ソケット両形とも使用されているが，180mmのものはクレビス形だけである．

上記の寸法のほかに，超高圧用としてさらに大形の円板形懸垂がいしが，諸外国に採用されている．

円板形懸垂がいし：円板形懸垂がいしは，使用電圧によりいくつかを連結して一つのがいし連（suspension string）とすることができるので，66kV以上の送電線路には，非常に多く使用されてきた．

表2・2は，使用電圧と円板形懸垂がいし連の個数の関係を示したものである．

表2・2 特高使用電圧と円板形懸垂がいし連の個数

使用電圧〔kV〕	250mmがいし個数	180mmがいし個数
15	2	2
15～25	2	3
25～35	3	3
35～50	3	4
50～60	4	4
60～70	4	5
70～80	5	—
80～120	7	—
120～160	9	—
160～200	11	—
200～230	13	—
230～275	16	—

2・4　長幹がいし

長幹がいし：このがいしは，中実の棒状磁器に，円形状のひだ（かさという）を設け，上下に連結用金具をとりつけたもので，ドイツで最初に案出されたものであるらしく，**長幹がいし（Langstab Isolatoren）** の訳名ができたように記憶している．

図2・3は，長幹がいし1本を示すものであり，表2・3に規格寸法を示す．このがいしの製作は，表2・3で見られるように長さが相当あるので，かなりむづかしい面もあるが，最近では非常によい品質となってきた．耐霧性があり，また洗浄し易い点があるなどで，採用ひん度も増している．

西ドイツにおける西ライン電力の最初の400kV送電線に，3本の褐色長幹がいしが採用されたのは，超高圧送電線にこの種のがいしを用いた最初のものと思う．

わが国では，66kV以上の送電線に，2本以上を連結して用いた例がいくつかある．

2 架空送電線路のがいし

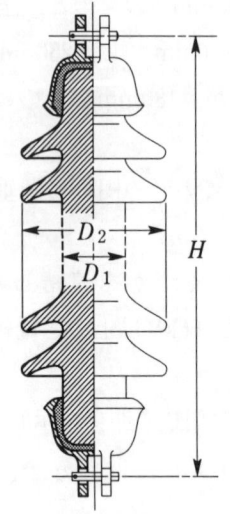

図2・3 長幹がいし

表2・3 長幹がいしの規格寸法

高さH〔mm〕	胴径D_1〔mm〕	かさ径D_2〔mm〕	かさの枚数
385± 8	65	145	5
〃	80	160	〃
485±10	65	145	7
〃	80	160	〃
585±12	65	145	10
〃	80	160	〃
725±15	80	160	13
875±18	80	160	17
1025±21	80	160	21
1175±24	80	160	24

注：±8mmなどは許容公差を示す．

2・5 ライン・ポストがいし

ライン・ポストがいし

ライン・ポストがいし（line post insulator）というのは，図2・4に示すとおり磁器部分はまったく長幹がいしと同様で，がいしの頂部にピンがいしのようにみぞがあり，電線を収めてバインド線でしめつける．がいしの下端には腕金などにとりつける必要上，ピンとベース金具をセメント接着したものである．

このがいしも，66～77kV級以下の線路に使用されることが，しだいに増してきた．

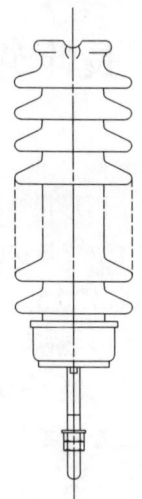

図2・4 ライン・ポストがいし

2・6 その他のがいし

線路用のピンがいしと同じものを用い，ピンを少し大きくして，発変電所の母線

支持がいし	(bus bar) や断路器（disconnecting switch）を支持するための**ピン形支持がいし**が多く使われる．また，ライン・ポストがいしを中空円筒にして頂部に母線などを支持する金具，下部に鉄構あるいはコンクリート台に取りつけるための金具を備えた**円筒形支持がいし**（lapp insulator or station post insulator）があり，このがいしの頂部に電線を乗せるようにみぞを設け，電線をバインド線でしばることができるが，線路用に使う場合を円筒形ポストがいしという．
耐霧用がいし	このほかに，**耐霧用**がいしとして，円板形懸垂がいしの磁器片表面に露を結びにくいようにしたり，磁器片の形状とキャップ，ピン間表面距離を増したりしたもの，あるいは磁器片の外縁を裏側に折りまげてみぞを作り，みぞに絶縁油を入れた例もある．
耐塩がいし	また，**耐塩がいし**として，シリコーンやその他の塗料をぬって塩害対策としたがいしがあり，ピンがいしの頂部電線およびバインド線から発生するコロナを拡散して，密度の高いコロナ放電を防止するため，磁器片表面に半導体塗料をぬる方法なども実施された例がある．

2・7　がいし金具

ピンがいし	ピンがいしには，ピンのほかにとくに金具を必要としないが，木柱（wooden pole）の場合，3相の1線を木柱のトップに配置すれば，構造上非常に簡単になるので，図2・5のようなピンがいしを使う場合がある．

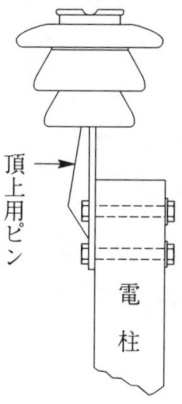

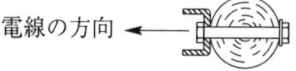

図2・5　頂上用ピンがいし

懸垂クランプ	懸垂がいしの場合，電線をがいし連にとりつけるために，**懸垂クランプ**（suspension clamp）というみぞ形金具を使用する（図2・6）．材料は可鍛鋳鉄であるが，電線をのせるクランプのみぞに対する曲線の形状に注意しないと，局部的に荷重がかかるおそれがある．なお，鉄塔の腕金などにがいし連をとりつけるには，図2・6の上部に示してあるように，フック（fook）とUボルト（U-type bolt）を用いる．

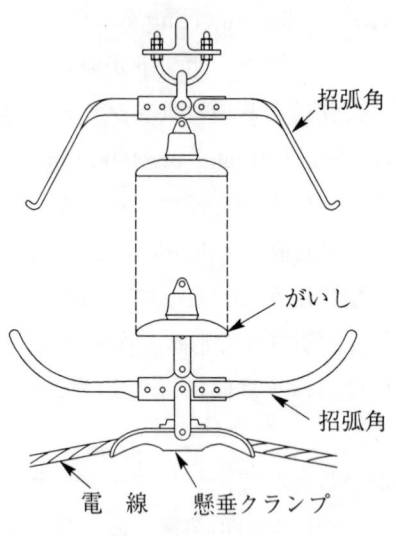

図2・6

招弧角

また図2・6に示したように，がいし連の電線側と鉄塔側の両方に，ある場合は電線側だけに**招弧角**（arcing horn）を用いるが，これは電線と鉄塔（大地側）に異常電圧が発生し，がいし連に直接加わるとがいし各単位の金具を伝わって継続的なアークが巻きつき，磁器片を急に熱することにより磁器片が破壊されるので，先端間の絶縁間隔をやや小さくした招弧角を置き，上下の招弧角間に放電させる．この招弧角をさらに拡大して，だ円状または円形の招弧環（arcing ring）にしたものがある．超高圧送電線の場合に，この種のものをクランプ側に配置することによって，がいし連の電圧分布の是正と，クランプその他突出部から発生するコロナ放電を遮へいする．

遮へい環

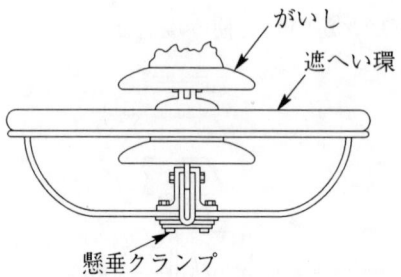

図2・7

以上のほか鉄道横断などの個所では，がいしを2連として使用しなければならないので，各がいし連の荷重を均等化するための継鉄（yoke）を用いねばならない．また，耐張鉄塔（strain tower）は，1度がいし連の上部を鉄塔で引留めるのであるが，鉄塔両側の電線を接続するジャンパ（jumper）と電線との連結に引留クランプ（strain clamp）を必要とする．

3 がいしの電気的,機械的性能

架空送電線において,こう長に比例して多量に使用するがいしの電気的および機械的性質と能力を十分知って置かねばならない.

3・1 がいしのキャパシタンス

ピンがいしでは,電線とピンとの間に,また,円板形懸垂がいしであれば,キャップとピンないしボールの間に,それぞれキャパシタンスが存在する.とくに,雨水がかかると,磁器片の表面がぬれるので,あたかも平行板コンデンサの極板面積が増したことになり**キャパシタンス**が大となる.

図3・1は,ピンがいしに対するキャパシタンス($pF = \mu\mu F = 10^{-12}F$)を,それぞれの公称電圧で試験した結果であり,また図3・2は,円板形懸垂がいし1連の個数によるキャパシタンスを,いずれも50kV乾燥状態で測定した結果である.

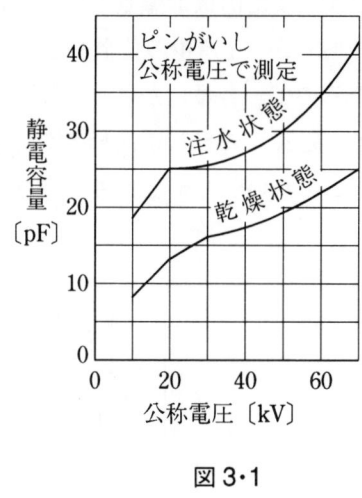
図3・1

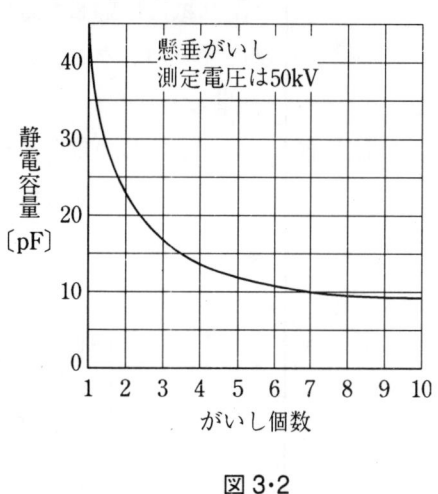
図3・2

3・2 がいしの漏れ距離とフラッシオーバ距離

がいし磁器片の表面に沿って,両電極間を結ぶ最短距離を**漏れ距離**(leakage path)といい,また,がいしの表面に接する空気を通じて,両電極間を結ぶ最短距離を**フラッシオーバ距離**(flashover path)という.図3・3および図3・4において,a, bで示す点線に沿った距離が漏れ距離であり,$A + B + C_2$または$A + B$が乾燥(dry)

3 がいしの電気的，機械的性能

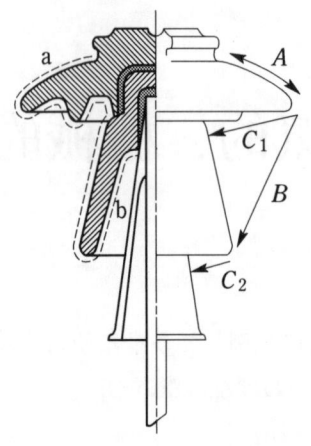

図3・3 ピンがいしの漏れ距離と
フラッシオーバ距離

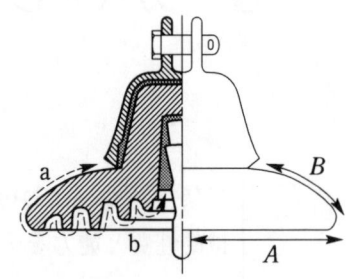

図3・4 懸垂がいしの漏れ距離と
フラッシオーバ距離

フラッシオーバ距離で，注水（wet）した場合は，C_1+C_2またはAのようにフラッシオーバ距離が減る．これらの距離が増せば，がいしの漏れ抵抗（leakage resistance）が大となり，かつフラッシオーバ電圧（flashover voltage）が高くなる．

3・3 がいしの電圧分布

がいしに所定の電圧が与えられると，ピンがいしでは各磁器層のキャパシタンスと漏れ抵抗に応じた電圧分布ができ，また円板形懸垂がいしでは，各単位がいし自身のキャパシタンスはほぼ一定であるが，1連中の位置によって，対線および対地（鉄塔など）キャパシタンスが異なるので，各単位がいしの負担電圧が違ってくる．

電圧分布　ピンがいしの**電圧分布**の様子は，磁器片の形状が簡単でないから，容易に求めにくい．たとえば誘電性の針状体をピンがいしの形どおりに切抜いた紙上に一様にま

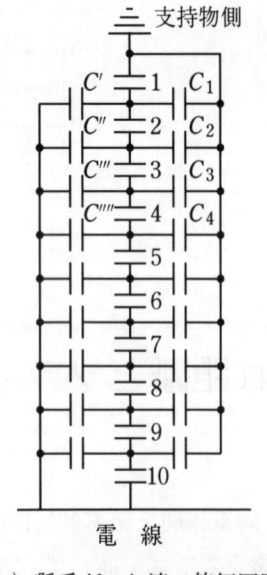
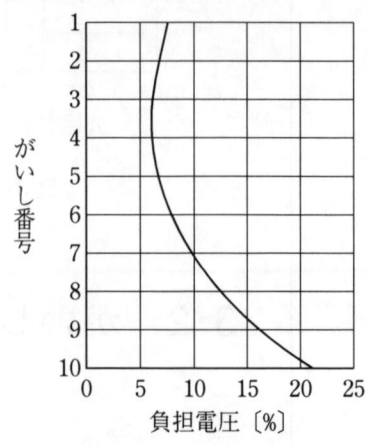

(a) 懸垂がいし連の等価回路　　　(b) 懸垂がいし連の電圧分布

図3・5 懸垂がいし連の等価回路と電圧分布

いておいて，電線とピンの間に電圧をかけると，周囲の針状体は電気力線（lines of electric force）の方向に並ぶから，この力線に直角の等電位面をだいたい想定できる．したがって，ピンがいしの各磁器片の表面が，等電位面に沿っていればもっとも適切であり，かつ各磁器片間の電圧分配が均等であるといえるが，実際問題としての形状は，なかなこうはゆかない．

懸垂がいし これに反して，1連の**懸垂がいし**では，各がいし単位の負担電圧を測定できる．図3・5は10個を1連とした場合の電圧分布を示すが，(a)図は1連中のキャパシタンス分布を，(b)図は鉄塔側から数えたがいし番号を示す．電線側は22％位を負担するのに対し，鉄塔側は7.5％となり，3，4番目は最小の6.5％位となっている．

3・4　がいしのフラッシオーバ電圧

ピンがいしの場合は電線とピンの間，また懸垂がいしの場合は1連の上下に電圧を加え，しだいに電圧を上げていくと，がいしが健全であれば，がいしの周囲の空気を通じてついに持続アークができるが，これをフラッシオーバと名づける．

フラッシオーバ **フラッシオーバ電圧**（flashover voltage）は，印加電圧（applied voltage）の種類・がいしの形状・寸法・汚損状態・外気密度・温度および湿度などによって異なる．がいしのフラッシオーバ電圧値は，つぎの三つに対し標準が定められている．

乾燥フラッシ **(a) 乾燥フラッシオーバ電圧**
オーバ電圧 表面が清浄で，十分乾燥したがいしまたはがいし連の両電極間に，使用電力周波電圧（power-frequency voltage）を加えた場合の実効値で，20℃，760HPaの気圧，65〜85％の相対湿度の空気中におけるフラッシオーバ電圧を基準とする．

注水フラッシ **(b) 注水フラッシオーバ電圧**
オーバ電圧 雨でがいしの表面がぬれた場合のフラッシオーバ電圧値で，雨水を模擬するために，抵抗率 $\rho = 10\text{k}\Omega\text{-cm}$（1cm立方の相対する両面間の抵抗）の水を不変水圧で毎分3mmの割合で，がいし軸に対し45°の角度で注水しながら，がいし両電極間に，(a)と同様，電力周波の電圧を加えたときのフラッシオーバ電圧実効値である．

もし，この場合の注水の抵抗率が前掲の値と異なるときは，得られたフラッシオーバ電圧値に，$3/(\log_{10}\rho - 1)$ なる補正係数をかけなくてはならない．

衝撃フラッシ **(c) 衝撃フラッシオーバ電圧**
オーバ電圧 がいしの電線側に正極性（positive polarity）の標準衝撃電圧を加えた場合のフラッシオーバ電圧値で，フラッシオーバ回数が電圧印加回数の50％になるような値を
50％フラッシ とり，**50％フラッシオーバ電圧**（50% impulse flashover voltage）といい，やはり
オーバ電圧 (a)に示した基準空気状態における値を標準とする．もし，空気密度 δ が，温度 t〔℃〕および気圧 b〔HPa〕によって違ったとすれば，$\delta = 0.386 \dfrac{b}{273+t}$（数値）に比例するものとして補正する．

標準フラッシ **(d) 標準フラッシオーバ電圧値**
オーバ電圧値 表3・1は，各がいしの種類について規格化されている乾燥，注水および50％衝撃フラッシオーバ電圧値と，油中破壊電圧値を示したものであり，また図3・6は

3 がいしの電気的, 機械的性能

表3・1 フラッシオーバ電圧と油中破壊電圧の標準値

がいしの種類		フラッシオーバ電圧〔kV〕			油中破壊電圧〔kV〕
		乾燥	注水	50%衝撃	
懸垂がいし	250mm	80	50	125	140以上
	180 〃	60	32	100	120 〃
特高ピンがいし	10号	85	55	120	150
	20 〃	110	75	160	200
	30 〃	135	95	200	250
	40 〃	160	115	240	270
	50 〃	185	135	280	300
	60 〃	210	155	320	350
長幹がいし	LC 6505 / 〃 8005	115	65	170	—
	〃 6507 / 〃 8007	150	95	230	—
	〃 6510 / 〃 8010	185	125	290	—
	〃 8013	235	160	380	—
	〃 8017	285	200	470	—
	〃 8021	335	240	560	—
	〃 8024	385	280	650	—
ラインポストがいし	LP - 10	80	50	120	—
	〃 20	105	75	165	—
	〃 30	135	100	220	—
	〃 40	170	125	275	—
	〃 60	240	180	385	—
	〃 70	280	210	440	—

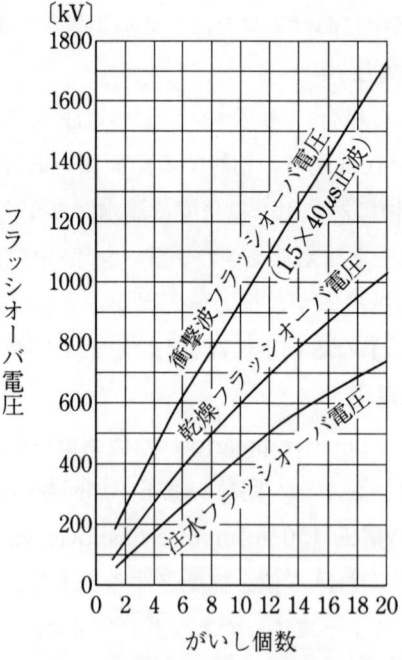

注水と乾燥フラッシオーバ電圧は, ともに商用周波電圧(実効値)による.

図3・6 250mm懸垂がいし連のフラッシオーバ電圧

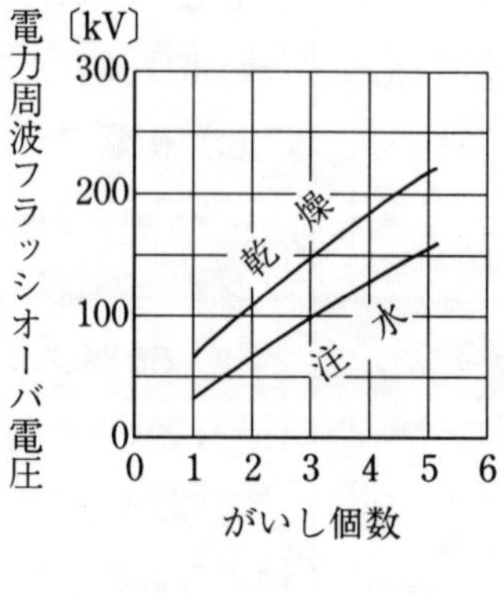

図3・7 180mm懸垂がいし連のフラッシオーバ電圧

250mm円板形懸垂がいし，図3・7は180mmのそれに対し，1連個数による3種のフラッシオーバ電圧値を示したものであるが，いずれもほぼ1連個数に比例していることがわかる．

油中破壊電圧

(e) がいしの油中破壊電圧

がいしを絶縁油に浸漬し，両電極間に電力周波電圧を加え，磁器を貫通絶縁破壊させる電圧を油中破壊電圧といい，空気中ではフラッシオーバする前に磁器の絶縁破壊をきたすことがない．表3・1に一例を示した．

3・5　がいし取付け部分のコロナ

ピンがいし頂部に電線をバインド線でしばりつけた部分や，円板形懸垂がいしのキャップやピンなどの金具類の尖端部から，印加電圧が大になるに従って，**コロナ放電**が発生し低い騒音を出すに至る．この場合，がいしはキャパシタンスをもつから，高周波振動回路を形成し，かつ電波障害を与えるような電波を出すおそれがある．

コロナ放電

ピンがいしでは，常規電圧で運転中，ことに雨天の場合コロナの発生を見，障害電波を出す．円板形懸垂がいしでも，154kV，9個連になると，やはりこの傾向がある．しかし，長幹がいしのように金具が大きい場合は，常規使用電圧では，だいたいコロナの発生が見られない．

3・6　がいし汚れの影響

架空送電線路の経過地には種々あるが，いずれの場合も，大気中にさらされているので，砂じん，塩分その他の塵が付着する機会が多い．がいしはピンがいしにしろ，円板形懸垂がいしにしろ，表面積が大きいので，これらの塵がたい積し汚れ(pollution)やすい．

ことに，近年送電電圧が高くなったので，塩害問題がやかましくなった．線路の経過地が海岸に近いときは海面から塩分が運ばれ，これががいし面に付着すると，霧雨（きりあめ）のような降り方のとき，かなり漏れ電流があり，またフラッシオーバ距離が短かくなって放電するに至る．とくに，わが国では，台風季節において温度と湿度が高い南の強風が吹きつけるので，風上（かざかみ）に海面がある場合，塩害はきわめて顕著となり，フラッシオーバが各地点で起った例がある．同様のことは，重工業地帯の近傍で，煙突からでる排気ガス中の煤（すす）などががいし面につき，塩分ほどでないとしても，やはり吸湿度が高くなり悪影響をおよぼす．

がいし汚損

このようながいし**汚損**によるフラッシオーバを防ぐには，どんな方法があるかを以下に略述する．

まず，線路の経過地の選定にあたり，塩害や塵の生じやすい地域をさけたい．し

かし既設の線路については，他の対策によらなければならない．それには，がいし個数を増す．たとえば線間電圧10kVあたり円板形懸垂がいし1個を当てるというように，絶縁強化を図る．つぎに，がいしの汚損状態を代表がいし連に注目して，適時**活線洗浄**を実施する．もちろん，停電可能ならば洗浄を危険なく実施できることはいうまでもない．上記の各対策の他に，耐霧がいしを始めとして，塩害などに有効ながいしにとりかえてしまうことも一つの方法であろう．

しかし，急にがいし個数を増すというようなことは，鉄塔その他の支持物との必要な絶縁間隔があるので，既設の線路に急に実施できないので，活線洗浄などに頼ることが望ましい．

他の対策としては，がいしの形状を変えて，同じがいし連の長さでもひだの多い，いいかえればフラッシオーバ距離の長いがいし，すなわち長幹がいしを用いるとかすれば，かさのところで風雨により塩分や塵が吹払われたりまた流される機会が多い．なお，2の終りで記したように，がいし面にシリコーン塗料を施すなどのようにして，いわゆる発水作用を著しくすることもフラッシオーバ防止対策と考えられる．

3·7　がいし1連の個数決定

送電線を直接絶縁しているものはがいしと空気であるが，接続機器もまた必要な絶縁耐力をもっている．よって，いずれかの絶縁がとくに強すぎたり，あるいはとくに弱すぎたりしても，全体としてバランスのとれないものになるので，送電線の絶縁にあたっては，がいしの絶縁強度，電線と鉄塔などの支持物の間隔，電線相互の間隔，電線と架空地線（aerial ground wire）との距離など総合的に考えなくてはならない．

しかし，このがいしは，電気的絶縁と機械的負担の二つを受けもつので，もっとも弱点となる可能性があるから，まず，**がいしの絶縁**について検討し，その他はがいしに協調させて定めるのが適切である．

そこで，がいしによる線路の絶縁設計方針としては，

(a) 内部異常電圧に対し，十分な安全性をがいしにもたせる．これには，常規対地電圧の4倍程度の異常電圧に降雨時でも耐えられるよう，たとえば円板形懸垂がいしの個数を選ぶ．なお，この場合がいし個数決定にあたり，1個ないし2個の不良がいしの発生を見込む．なお，外雷は避雷器動作に期待する．

(b) 電線の常規位置において，がいしと同様の絶縁強度を電線と支持物間の間隔にもたせる．

(c) 風圧で電線が横振れしたときでも，内部異常電圧に十分耐えるだけの絶縁間隔であるべきである．

内雷すなわち内部異常電圧のうちで，1·2で述べた開閉サージの異常電圧が，もっとも波高値と発生ひん度が高いので，外雷を別として，この開閉異常電圧を基礎に普通に使われる**円板形懸垂がいし**1連の個数をきめてみよう．

さて，**開閉異常電圧**の常規対地電圧に対する倍数は，すでに1·2にあげたとおり，

4倍をこえるものは稀である．まず，この4倍を目途として，一例に受電端140kV送電線路をとって見る．

140kVは受電端線間電圧であるから，この線路の送電端最高運転電圧を115％すなわち161kVとすると，対地電圧の波高値は，$161 \times (\sqrt{2}/\sqrt{3})$ で133kVとなるから，異常電圧として$133 \times 4 = 532$kVになる．

さて，電力周波における最悪状態の注水フラッシオーバ電圧は，図3・6に示してあるとおり，9個連で$375 \times \sqrt{2} = 530$kV，10個連で$415 \times \sqrt{2} = 590$kVという数字が出てくる．

かりに異常電圧の倍数を4.5倍をとって見ると，この場合の波高値は598.5kVとなり，10個連でほぼさしつかえない．

よって，上記の例において，10個連ときめることが安全側といえよう．あるいは，9個連として劣化がいし1個が発生することを予期したとしても，やはり10個連ということになる．

ただし，がいし連に対する点検すなわち保守が十分である場合は，9個連に押切っても，支障をきたすようなことはないであろう．

1・2で言及したように，異常電圧に伴うエネルギーは，電力周波電圧によるそれよりもかなり小さいから，経済性を評価し，かつ保守に手をつくすことを前提とすれば，この例では9個連としてよろしい．

ピンがいし　つぎに，**ピンがいし**では，だいたい号数をきめればよく，その他長幹がいしなどは，表3・1のフラッシオーバ電圧を用い，前例と同様の個数決定を行えばよいが，円板形懸垂がいし個数決定と違って，適正な個数をうることにやや難があり，絶縁強度に常に過不足を伴う．

3・8　がいしの機械的強度

がいしは，電気的に必要な絶縁を確保するとともに，電線からうける荷重（mechanical load）に対して，十分な機械的強度をもたなければならない．

機械的強度　がいしは磁器，金具およびセメントというかなり異質のものの集成である．主体である磁器の圧縮強度は大きいが張力には弱いので，磁器と金具との組立構造物としては，圧縮強度を最大限に活用するべきであるが，線路用懸垂がいしの場合は，必ずしもそうはいかないので，下記のような最小限度の機械的強度が要求されている．

磁器はまた温度の激変や，外からの衝撃に対しても十分な抵抗力をもたなければならない．金具として，加工可能な可鍛鋳鉄（malleable cast iron）が主に使用され，圧延鋼材製のピンなどとともに，必ず亜鉛めっきを施して置かないと，酸化の進捗は意外に著しい．

がいし金具と磁器の接着は，がいしの機械的強度の生命線ともいうべきもので，とくに良質のものを用い，接着部の製作には慎重でなくてはならない．セメントで接合する磁器面には，適宜な大きさで鋭角をもった磁器の細粒をうわ薬で焼きつけ，

凹凸を多く作り接着面を大とする．一般に，がいしにおける磁器とセメントとの接着部の強度を，金具の部分よりも大に設計して劣化に対処している．

(a) ピンがいし

使用状態の荷重は，電線荷重および着氷による垂直圧縮力，電線方向と直角の風圧，電線間の電磁力（electromagnetic force）による**曲げモーメント**（bending moment），および電線方向における不平衡荷重（unbalanced load）などであるが，前述のとおり圧縮力には非常に強く，問題は**曲げモーメント**であるが，磁器部よりもピンやベースが弱点となるので，規定の荷重を加えて試験した場合，生ずる偏位が5°以内で，がいし各部に異状があってはならない．

(b) 円板形懸垂がいし

その名のとおり懸垂状で使用されるので，張力荷重（tension load）を増していくと，がいし間の接続部品の折損やセメント接着部が抜ける場合がある．現在の規格では，使用電圧を加えた状態で，250mmのクレビス形で12〔ton〕，同じボール・ソケット形で12t（1号）と16.5t（2号），180mmのクレビス形で6.0t（1号）と7.5t（2号）以上の破壊張力（ultimate tensile strength）をもつことが要求されている．

3・9 がいしの劣化

がいしは使用年月を経るに従って絶縁が低下し，ときには磁器にき裂ができたりして劣化状態となり，がいしとしての生命を失う．

がいしの**劣化**は，使用状態・取付位置などによって発生率を異にするが，年間の取替数は至って少ないものである．劣化だけに限らず他の障害が原因となって取替えたものを含め，年平均でいうと，円板形懸垂がいしで0.2～0.4％であるのに対し，ピンがいしは3～4％で約10倍にもなっている．円板形懸垂がいしの劣化そのものは，上掲の数字よりもっと小さいようである．

がいしの劣化原因は，製造上材質と製作法の欠陥以外には，外気温度の急激な変化による磁器のき裂，接着用セメントの水分吸収による硬化と膨張，あるいは温度変化による水分凍結と融解の反復などにより，磁器に与えるひずみでさけめの発生などが主なるものといえよう．

しかし，現在これらに対し，十分対策が施されたがいしであるし，年劣化発生率もきわめて少ないばかりでなく，保守点検が十分実施されているので，がいし自体からくる事故はかなり少ないと考えてよい．

3・10 劣化がいしの検出

劣化がいしの検出は普通年2回行うが，検出手段として，

(a) 負担電圧を調べるものに，火花ギャップ（spark gap）によるもの，ネオン管

3・10 劣化がいしの検出

（neon tube）によるもの，および高抵抗と μA 級の電流計を直列にするもの
(b) 絶縁抵抗（insulation resistance）を測定する方法
(c) 肉眼点検による方法

などがある．

送電中のがいしに対し，常規の電圧負担をしているかどうかを知るのに，もっともよく使われるのは図 3・8 (a) に示すものである．A と B はフォーク形接触金属棒，G は火花ギャップ，C はコンデンサ，R は抵抗，これらとネオン管を図のように接続したものを絶縁棒の先にとりつけ，A と B で検出しようとするがいしまたは磁器片をはさむと，A と B の間に電圧があれば，一つの振動回路を作るので，ネオン管が点灯するから，その光度で負担電圧を判別する．同様にして，負担電圧に比例した電流を検出するものも使われる．

火花ギャップだけの場合は，図 3・8 (a) の抵抗とネオン管がない回路で，A または B の先端を一つのがいしの金属部と密着し，他の先端はがいしをはさんだ金属部に接近させると，電圧負担があれば，火花が発生し音声を聞くことができる．

不良がいし　もし，送電を停止できるような場合には，1000V メガ（megger）使用により絶縁抵抗を測定し，500〜1000MΩ 以下のものは**不良がいし**とするが，必ずしも全面的に信頼できない場合がある．

なお，ピンがいしに対しては，適当な打音を出させると，その音色いかんで損傷のあるものの判定ができるが，停電中でなければならず，かつ熟練を必要とする．

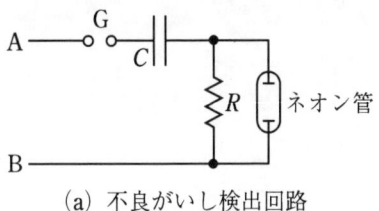

(a) 不良がいし検出回路

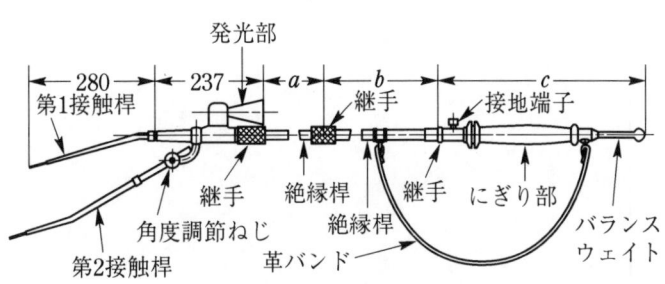

(b) 不良がいし検出器

図 3・8

3·11 がいしの試験

　がいしの購入受入れには，制定規格に従って諸方法の測定を始め，電気的および機械的試験を行う．これには，がいしの品質の良否を認定するための認定試験，材料の良否を識別するための材料試験，および受入がいしの性能を決定するための受入試験の3種で，それぞれ制定規格によって試験し，規定の個数以上に合格しなければならない．

4 架空送電線路の雷害対策

発変電所の高圧側に配置する避雷器を別にして,架空送電線路に対する避雷対策として考えられる架空地線の効果,逆フラッシオーバ現象および塔脚抵抗の低減などについて略述しよう.

4·1 架空地線

架空地線　送電線への雷撃に対する遮へい用として,架空地線を1本ないし2本張るのが普通であり,普通は経済上鋼より線を使うが,遮へい効果を著しくするのには,導電性の高いものが望ましい.また架空地線は,鉄塔やその他支持物ごとによく接地して置かないと,遮へい効果が低下する.

(a) 誘導雷に対する架空地線の効果

静電誘導電圧　架空地線としての最大効果は直撃雷からの遮へいにあるが,雷雲のおよぼす**静電誘導電圧**の低減にも効果が著しい.

いま,電線aと架空地線gが,それぞれ地上高h_a, h_g〔m〕にある場合,雷雲による地上付近における電位の傾き (potential gradient) がg〔V/m〕であり,また雷雲によりaとgに静電誘導で誘起した拘束電荷をQ_a, Q_g〔C/m〕とすれば,aおよびgの各電位は,

$$\left. \begin{array}{l} E_a = gh_a + p_{aa}Q_a + p_{ag}Q_g \text{〔V〕} \\ E_g = gh_g + p_{ag}Q_a + p_{gg}Q_g \text{〔V〕} \end{array} \right\} \quad (4 \cdot 1)$$

となり,電源が与えた電圧はなんらとり入れてない.式(4·1)におけるp_{aa}, p_{ag}およびp_{gg}のそれぞれは電位係数で,各電線および電線間の諸寸法が与えられるときは,自ら決定される係数である.

もし架空地線gがなく,aのみであったとすれば,

$$E_a' = gh_a + p_{aa}Q_a' \text{〔V〕} \quad (4 \cdot 2)$$

となる.そこで,架空地線の有無が,この場合どんな影響を示すかを調べるために,gはもとより,aも接地してあるとすれば,式(4·1)において$E_a = E_g = 0$とし,また式(4·2)で$E_a' = 0$として,Q_aおよびQ_a'を求めると,

$$\left. \begin{array}{l} Q_a = -\dfrac{(p_{gg}h_a - p_{ag}h_g)g}{p_{aa}p_{gg} - p_{ag}^2} \text{〔C/m〕} \\ \text{および } Q_a' = -\dfrac{h_a g}{p_{aa}} \quad \text{〔C/m〕} \end{array} \right\} \quad (4 \cdot 3)$$

となる．これから誘導によってaに生じた電荷の比 m （小数）を求めれば，

$$m = \frac{Q_a}{Q_a'} = \frac{p_{gg}h_a - p_{ag}h_g}{p_{aa}p_{gg} - p_{ag}^2} \cdot \frac{p_{aa}}{h_a} \quad \text{（小数）} \tag{4・4}$$

式(4・4)の各電位係数，すなわち電線配置の諸寸法より m を計算することができる．架空地線が1本の場合の m は，だいたい0.5，2本の場合の m は0.3〜0.4程度といわれているので，それだけ**誘導雷**に対する遮へい効果があるといえる．ただし，誘導雷による異常電圧は，もちろん直撃雷によるよりもかなり低いことは，すでに記述したとおりである．

(b) 直撃雷に対する架空地線の効果

架空地線の目的の第一は，**直撃雷**が電線をおそうことを防止するにある．防止の度合は**保護効率**（protective efficiency）といわれ，線絡が受けた100回の雷撃のうち電線が直接受けた雷撃が5回であったならば，架空地線の保護効率95％とする．

わが国では，年間の雷雨発生回数は地域によりちがうので，系統電圧の各階級により有効かつ**経済的保護効率**が推奨されている．すなわち11kV級では70〜85％，66kV級80〜90％，154kV級85〜90％および220kV級90〜95％である．なお，発変電所の高圧側構内と近接1〜2kmは，普通1本のところを2本にするなどの方法を考えて，保護効率100％に近い効果を期待するよう設計している．

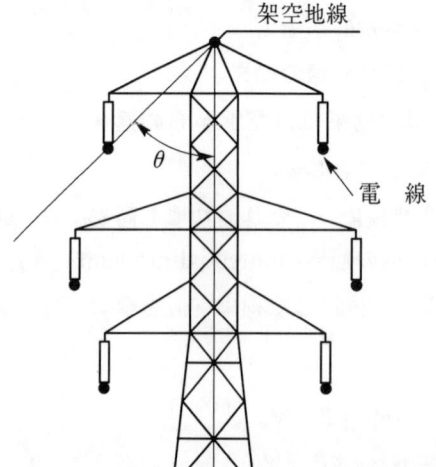

図4・1 架空地線の遮へい角 θ

このように，保護効率を高くするには，図4・1に示す**遮へい角**（shield-ing angle） θ を，大きくとも45°以下にすべきであり，重要な超高電圧送電線路については，架空地線を2本とし，θ を一層小さくするのが保護効率を上げるのに大いに役立つ．

ただし，長径間の場合とか雪や氷の多い地域では，電線のはね上がりによる電線同士の接近また接触のないように地線の架線に注意しなければならない．

(c) 逆フラッシオーバ現象

鉄塔の頂部または架空地線に直撃雷があった場合，雷電流は鉄塔を通じ直接大地へ逃げるもののほか地線にも分流する．電流の分流は直撃点から見たインピーダンス（衝撃波に対する）に反比例する．左右の架空地線に分流したものは，それぞれ次の鉄塔でさらに鉄塔自身や架空地線に分流するが，一部は反射して直撃点にもどる．

さて，雷電流が鉄塔から大地へ流れる場合，電線の電源からの対地電圧を無視す

4·1 架空地線

鉄塔電位の波高値
塔脚接地抵抗
結合係数

れば，鉄塔電位の波高値は，

$$E = RI(1 - c)\alpha \quad [\text{V}] \tag{4·5}$$

で与えられるが，I は鉄塔における雷電流の波高値〔A〕，R は鉄塔の**塔脚接地抵抗**（footing resistance）で衝撃波に対する値，c は架空地線と電線との間の静電誘導の程度を示す**結合係数**（coupling coefficient）で，普通0.2～0.3位といわれる．α は隣接鉄塔から，前述の反射波が直撃点の鉄塔へもどってくる際，その極性が反対であるので，鉄塔電流の波高値を低減する効果を与える．したがって，鉄塔への雷電流を実測できたとすれば，$\alpha = 1$ としてよい．

こうして式(4·5)で表わされるような波高値の鉄塔電位となるので，これが電線を絶縁しているがいし連のフラッシオーバ電圧よりも高いときは，鉄塔から電線へ逆にフラッシオーバする．これを**逆フラッシオーバ現象**（reverse flashover phenomenon）といい，送電線路の絶縁問題上，重要な項目の一つであり，式(4·5)から明らかなように，R なる塔脚抵抗低減がもっとも有効な対策である．

逆フラッシオーバ現象

なお，上述したところは，鉄塔頂部にだけ雷撃があった場合についてであるが，1径間中で架空地線に直撃雷のあることを皆無とすることはできない．ことに，長径間の場合に考える必要がある．この場合も，架空地線と電線との間の絶縁間隔が短いと，やはり架空地線から電線へ逆フラッシオーバを起こすので，できるだけ絶縁間隔を十分に確保するよう，たとえば架空地線のたるみを小さく，電線のそれの80％程度にすることが工夫されているし，また架空地線2本の場合には，径間中央に橋絡片を設けて，直撃点電位の低下を図ることなどが試みられている．

(d) 塔脚接地抵抗

一例として154kV送電線路をとり，がいし連の円板形懸垂がいし個数を9とすれば，衝撃フラッシオーバ電圧は，図3·6から860kVとなる．つぎに，この電圧すなわち逆フラッシオーバを起こさない場合の鉄塔雷電流は，式(4·5)で c を無視し，かつ α を1，R を10Ωとすれば86kAとなり，R を50Ωとすれば，17.2kAとなる．

一方，図1·1の鉄塔雷電流ひん度曲線からすると，86kA以上が発生するのはわずかに1％，17.2kA以上になるのは80％であるから，R を10Ωにするのと50Ωにするのとでは，後者のほうが雷撃数の80％も逆フラッシオーバの危険にさらされるので，ぜひとも前者のように R を10Ωにして，危険度を1％に抑え，さらに R を小にして逆フラッシオーバをさけなくてはならない．

鉄塔の接地抵抗は，接地場所によって，著しく相違するのは常識的に明らかである．わが国のように水田の多いところでは，接地は比較的簡単な工事ですむが，山地などではなかなか小さい接地抵抗を得がたい．塔脚に近く銅または鉄の管などを打ちこんで，塔脚と接続するなどは，簡易な接地工事であるといわねばならない．したがって，山地などには，次で述べる埋設地線によることが多い．

(e) 埋設地線

埋設地線

塔脚抵抗を軽減するために，亜鉛めっきの鉄より線を地面下約30cmに，1本約30～50mの長さに数本，図4·2の例のように埋めこんだものを**埋設地線**（counter poise）という．この埋設地線によって塔脚部抵抗の低下を著しくすることができる．

鉄塔雷電流は衝撃波であるので，塔脚抵抗はこの衝撃波に対するものでなければならないが，もちろん直流ないし電力周波で測定した抵抗とは，土壌によっても異

なるが，多くの場合低減していて，衝撃波の波高値が高いほど低下の度合が大である．

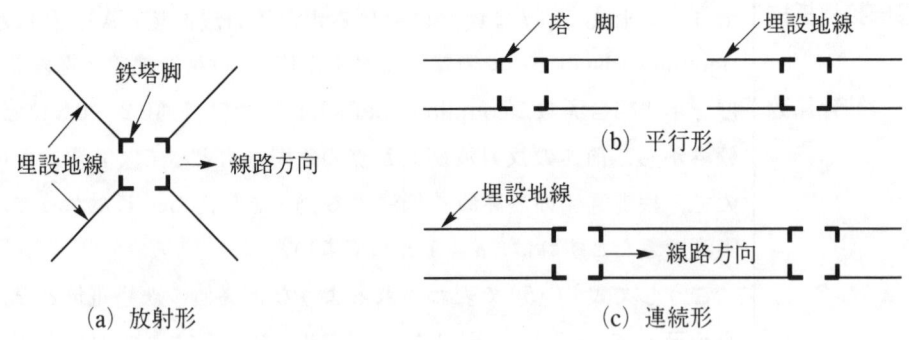

図4・2　埋設地線の設置方式

5 絶縁協調

　これまでに述べたのは，主として線路だけの絶縁問題であった．しかし，送電系統となると，主変圧器（main transformer）を始めとして，遮断器，計器用変成器（metering transformer），それらのブッシング（bushing）とがいしなどから形作られているので，いずれかの絶縁強度が強かったり，または弱かったりするところがあっては，系統全体として信頼度（reliability）が低いものとなる．たとえば，遮断器の絶縁強度だけ，他の設備に比べて低ければ，異常電圧が発生した場合，いつも遮断器が事故を起し，系統の運用が阻害されることがおびただしい．

　そこで，系統の各機器それ自体の機能から要求される絶縁強度ばかりでなく，万一事故が発生しても，その範囲を最小限にとどめて系統全体の信頼度を上げ，経済的かつ合理的絶縁強度に相互の協調を図ることが大切であって，このことを**絶縁協調**（insulation coordination）という．

|絶縁協調|

　直撃雷を受けたような場合の異常電圧に対しては，避雷器，保護ギャップ（protection gap）などの**避雷装置**にゆだねるようにしなければ，とても経済的な送電施設を考えることができない．すなわち，避雷装置の動作によって，系統各機器に対するインパルス電圧絶縁強度以下に異常電圧の上昇を制限することを目標にすべきである．

|避雷装置|

　このように外雷には避雷装置による防護を信頼することとして，内雷による異常電圧は系統の運用上しばしば発生するので，少なくとも**内部異常電圧**のすべてに耐える絶縁強度をもつ必要がある．異常電圧の最大値は，常規対地電圧の4倍あたりを最大と想定して，各機器の絶縁強度を設計すべきであるが，ここに協調上，機器の重要度と事故復旧の難易を念頭に置くならば，自ら機器の絶縁強度に適切な差を設けたほうがよい．近代の避雷器の機能向上を信頼して，このような絶縁強度のちがいを考えないような傾向にある．

|内部異常電圧|

　送電系統各機器の絶縁強度をどの辺に基準を置くかについては，系統機器採用上経済性を失わないで，しかも所定の運用に支障のないよう，**基準衝撃絶縁強度**（basic insulation level，略してBIL）が制定され，**絶縁協調対照表**が作られている．

|基準衝撃 絶縁強度|

　表5･1は，わが国にきめられている絶縁協調対照表である．表中，**有効接地系統**は3相送電系統の中性点を接地するにあたって，故障発生中における健全相の対地電圧が，故障発生前の線間電圧の80％以下に抑えられる場合をいい，80％をこえる場合を，**非有効接地系統**とする．絶縁階級（号）とは，最大運転電圧〔kV〕の概数に対するkV数をいうので，用語としての便利さから使用している．つぎに**避雷器の制限電圧**（limiting voltage of arrester）は，外雷におそわれて，避雷器が動作した場合における端子電圧であって，主として避雷器要素の抵抗と放電電流によってきまるものである．

|有効接地系統|
|非有効接地系統|
|制限電圧|

5 絶縁協調

表5・1 絶縁協調対照表

接地系統	最大運転電圧〔kV〕	絶縁階級〔号〕	基準衝撃絶縁強度 BIL〔kV〕	線路がいしの50%衝撃フラッシオーバ電圧〔kV〕			避雷器		衝撃試験電圧値〔kV〕		電力周波試験電圧値〔kV〕
				高圧ピン,ラインポストがいし	長幹がいし	250mm円板形懸垂がいし	定格電圧〔kV〕	制限電圧〔kV〕(10 000Aにおいて)	I	II	
非有効接地系統	3.3	3 A (3 B)	45 (30)	高圧ピンがいし大形 80	—	—	4.2	14	45 (30)	—	16 (10)
	6.6	6 A (6 B)	60 (45)		—	—	8.4	28	60 (45)	—	22 (16)
	11	10 A (10 B)	90 (75)	LP−10 120	—	2個連 255	14	47	90 (75)	—	28
	22	20 A (20 B)	150 (125)	LP−20 165	かさ5枚 170	2個連 255	28	94	150 (125)	—	50
	33	30 A (30 B)	200 (170)	LP−30 220	かさ7枚 230 かさ10枚 290	3個連 255	42	140	200 (170)	—	70
	66	60	350	LP−60 385	かさ13枚 380	4個連 440	84	256	350	420	140
	77	70	400	LP−70 440	かさ17枚 430	5個連 525	98	298	400	480	160
	110	100	550	—	かさ21枚 560 かさ24枚 650	7個連 695	140	448	550	660	230
	154	140	750	—	—	9個連 860	196	627	750	900	325
有効接地系統	187	140	750	—	—	11個連 1025	182	582	750	—	325
	220	170	900	—	—	13個連 1185	210	672	900	—	395
	275	200	1050	—	—	16個連 1425	266	808	1050	—	460
	500		1550				420	1220			

(注) (1) 絶縁階級のAは標準レベルのものを示し，Bは低レベルのものを示す．
(2) 線路がいしの50%衝撃フラッシオーバ電圧の値について，高圧ピンがいしは日本碍子株式会社「碍子要覧(1963)」，ラインポストがいしはJIS C 3812(1963)，長幹がいしはJIS C 3816(1962)，250mm懸垂がいしはEEI-NEMAの推奨値を示す．
(3) 避雷器の欄中，制限電圧は10000A 避雷器についての値を示す(その他については，JEC-203参照)．同一公称電圧値に対し2通りの記載のある場合，( )をつけたものは使用ひん度が小さい場合．
(4) 衝撃試験電圧値のうち，公称電圧66〜154kVのものについては，一般の機器に対する値を㊙欄に示し，電力線搬送用結合コンデンサおよび避雷器の保護範囲外に使用するコンデンサ形計器用変圧器の試験電圧に対する値を㊙欄に示す．
(5) フラッシオーバ電圧は規格（JISおよびJEC）では，せん絡電圧と呼ばれている．

　なお，表5・1において絶縁階級中のAは標準レベルを，Bは低レベルのものを示す．衝撃試験電圧値において，Iの欄は一般機器，II欄は電力線搬送用の結合コンデンサ（coupling condenser）と避雷器の保護範囲外で使用するコンデンサ形計器用変圧器（voltage divider 略してVD）に対する試験電圧を示す．

　主変圧器に対し標準衝撃波試験は，表5・1のBILをもって試験してよいが，雷撃

5 絶縁協調

さい断波 | の際，他の機器がせん絡すると衝撃波が急にさい断されて，いわゆる**さい断波** (chopped wave) となるので，[kV/μs] がきわめて激しいから，この種のものに耐えねばならないことを考え，さい断波試験電圧をBILの115％とすることがきめられている．

　雷撃に対し避雷器が動作し，避雷器端子に制限電圧が現われるが，この制限電圧に対しBILをどれだけ高くしておくか，いわば何％の裕度（allowance）をもたせるかが問題である．まず最小限の裕度として20％を考えるが，避雷器動作に影響の大きい接地抵抗，保護すべき機器との距離などを考慮して，50％程度に大とする場合もある．よって避雷器の発揮する保護効果を高めるために，避雷器は主変圧器その他保護すべき機器にできるだけ近接しておくことや，それらの機器の接地と連接して避雷器を接地すべきであることなどが必要となる．

6　送電線路の絶縁・演習問題

〔問 1〕次の問に対する答のうち，正しいものの一つの○の中に×印をつけよ．
　250mm懸垂がいしの商用周波数における注水フラッシオーバ電圧の標準値〔kV〕は，
　　　A○30，B○45，C○60，D○80

〔問 2〕3相1回線の送電線があり，各線について，自己サージインピーダンスは500Ω，相互サージインピーダンスは125Ωである．図のように，3線を一括して電圧を加えた場合の整合抵抗（matched resistance）R を求めよ．

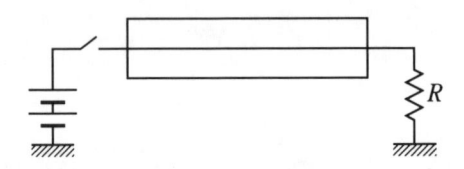

〔問 3〕耐塵がいしについて説明せよ．

〔問 4〕次の問に対する答のうち，正しいものの一つの○の中に×印をつけよ．
　わが国において，ピン形がいしの使用電圧〔kV〕の最高は，
　　　A○22，B○33，C○77，D○110

〔問 5〕送電線路に使用する架空地線および埋設地線について説明せよ．

〔問 6〕送電系統に現われる異常電圧の原因となるものを三つあげよ．

〔問 7〕次の問に対する答のうち，正しいものの一つの○の中に×印をつけよ．
　高電圧送電系統で，雷以外の原因による異常電圧の最高値は，常規対地電圧のおよそ，
　　　A○2倍，B○6倍，C○10倍，D○15倍

〔問 8〕図のように，サージ・インピーダンスがそれぞれ $Z_1 = 600Ω$，$Z_2 = 400Ω$ の無損失2線路の間に無誘導抵抗 R をそう入し，第1の線路から波高値 E の連続矩形波が進行してきた場合，透過波の波高値を $\frac{1}{2}E$ とするためには R の値をいくらにすればよいか．また，この場合 R で消費される電力は，入射波の電力に対してどのよ

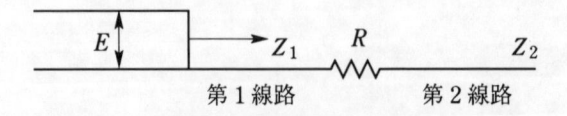

うな割合になるか．

〔問 9〕 長幹がいしについて説明せよ．

〔問 10〕 次の問に対する答のうち，正しいものの一つの○の中に×印をつけよ．
66kV 送電線路に用いられる懸垂がいしの1連の個数は，およそ，
　　A○2～3，B○4～5，C○6～7，D○8～9

〔問 11〕 次の□□□の中に適当な答を記入せよ．
塵塩ががいしの表面に付着しても，それが□□□している間は，ほとんど問題はないが，濃霧や細雨におそわれると，半ば溶けてがいし面を□□□化し，常規送電電圧でも，容易に□□□を起こすようになる．これを防ぐには，適当な時期をみてがいしの□□□を行うことが必要である．

〔問 12〕 次の□□□の中も適当な答を記入せよ．
がいしの上下金物の間に電圧を加えた場合，この値を段々に上げていけば，がいしを□□□することなく，その表面に沿う□□□によって，連絡する最低電圧をがいしの□□□という．印加電圧には商用周波数によるものと，衝撃波によるものとがあって，前者の方が後者より□□□い．

〔問 13〕 次の□□□の中に適当な答を記入せよ．
送電線路では，雷直撃による異常電圧の波高値を低減するため，□□□地線を用いて，がいしの□□□を防止するが，鉄塔の□□□が低くないと，雷直撃の場合，鉄塔の□□□が昇り，導線に□□□を起こすことがある．

〔問 14〕 次の□□□の中に適当な答を記入せよ．
直列コンデンサを設置する送電線路においては，線路の□□□負荷時の線路開閉操作に際し，変圧器の□□□特性との関係上，鉄□□□によって□□□電圧が線路に現われ，また，誘導電動機の□□□が困難になることがある．

〔問 15〕 275kV 級の送電系統において，線路のフラッシオーバ回数を減少し，かつ，フラッシオーバによる送電停止を避けるために，系統構成，線路絶縁，線路保護装置の計画について考慮しなければならない点を説明せよ．

〔問 16〕 次の□□□の中に適当な答を記入せよ．
がいしのフラッシオーバとしては，商用周波数における□□□電圧と□□□電圧とのほかに□□□電圧がある．がいしを構成する磁器の絶縁耐力を知るためには□□□試験を行う．

〔問 17〕 海岸付近に設置される屋外電気工作物の塩害対策について述べよ．

6 送電線路の絶縁・演習問題

〔問 18〕電力系統の絶縁協調とは何か，またその最近の傾向について述べよ．

〔問 19〕次の ☐ に適当な答を記入せよ．
　非有効接地系に連なる変圧器としては，その ☐ の絶縁 ☐ を線路側のそれの ☐ 程度まで落した絶縁変圧器とし，中性点に ☐ を設置して保護する方法がしばしば採用されている．

〔問 20〕次の ☐ の中に適当な答を記入せよ．
　鉄塔が雷の直撃を受けたとき，鉄塔の接地抵抗が ☐ いと，大きな ☐ のため鉄塔の電位が上昇し，送電線に ☐ を起こすことがある．これを防止するため，畑地，山地など大地の固有抵抗値の ☐ いところに建設される鉄塔には ☐ を施設する．

〔問 21〕次の ☐ の中に適当な答を記入せよ．
　高電圧送電線路の絶縁は，線路の開閉などによる内部異常電圧に対して十分なものであることが要求される．したがって，これに用いられる懸垂がいし1連の個数を定めるには，がいし連の商用周波 ☐ 電圧値が，電線路の対地電圧の ☐ 倍内外に相当する値を基礎とし，これに ☐ がいしの介在を考慮して ☐ 個を加えたものを標準とする．

〔問 22〕送電線路における雷電圧および雷電流の計測法について述べよ．

〔問 23〕長い架空線路に大きさ E の波尾長の長い矩形波電圧が伝搬してきた場合，図のような (a), (b), (c) の三つの状態について，終端の抵抗 r に生ずる電圧を計算し，波形を図示せよ．（図は進行波の波頭が，架空線の末端に達したときを時刻0とし，ケーブルの接続されている場合の波形は，ケーブルの心線外被間を伝搬する最初の電圧波が末端に達した直後までとする）ただし，架空線およびケーブルのサージ・インピーダンスおよび伝搬速度，線端の抵抗 r，(c) の場合のケーブル外被の接地抵抗 R は次のような値とする．

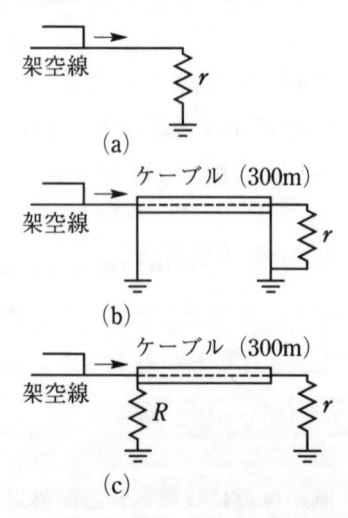

架空線
　　サージ・インピーダンス　$Z_1 = 500\Omega$
　　伝搬速度　$300\text{m}/\mu\text{s}$
ケーブル心線外被間
　　サージ・インピーダンス　$Z_2 = 50\Omega$
　　伝搬速度　$150\text{m}/\mu\text{s}$
ケーブル外被大地間
　　サージ・インピーダンス　$Z_3 = 250\Omega$
　　伝搬速度　$300\text{m}/\mu\text{s}$
ケーブルの長さ　300m，$r = 100\Omega$
(c)の場合のケーブル外被の接地抵抗　$R = 50\Omega$

なお，接地は完全であるものとし，進行波の減衰は考えないものとする．

〔問 24〕電気工作物を雷害より保護するため，電気設備技術基準ではどのように定められているかを説明せよ．

〔問 25〕次の問に対する答のうち，正しいものを一つ選び，○の中に×印をつけよ．

普通に設計されている140kV送電線路の鉄塔に，45kAの直撃電流が流れたとき，逆フラッシオーバを起こさない塔脚接地抵抗値〔Ω〕の最高はおよそ，
　　A○5，B○20，C○50，D○100

〔問 26〕超高圧送電系統の絶縁設計において，下記各事項の値を決定する方法を論じ，かつ，275kV級の送電線路および機器について，それぞれの概数値を示せ．
　　(イ) 1連懸垂がいしのがいし個数
　　(ロ) 変電所機器の基準衝撃絶縁強度（BIL）
　　(ハ) 鉄塔の塔脚接地抵抗値

〔問 27〕次の問に対する答のうち，正しいものを一つ選び，○の中に×印をつけよ．

高圧大ピンがいしの標準乾燥フラッシオーバ電圧〔kV〕は，
　　A○30，B○40，C○50，D○60

〔問 28〕次の＿＿＿の中に適当な答を記入せよ．
送電線路を雷の直撃から防止するため，送電線路に＿＿＿を設け，かつ，鉄塔の＿＿＿を低くして，＿＿＿を防止するため，＿＿＿塔脚の＿＿＿を低下する必要がある．また，長径間では径間の＿＿＿を防止するため，＿＿＿と電線との距離をなるべく大きく設計する．

〔問 29〕図のように変圧器と避雷器との距離がd〔m〕の変電所に，波頭しゅん度がs〔kV/μs〕で，直線状に上昇し続ける進行波が，進行速度v〔m/μs〕で送電線か

ら襲来した場合，変圧器の端子電圧の波高値はどう変化するか．ただし，避雷器の制限電圧は，一定値E_a〔kV〕とし，距離d〔m〕は，進行波電圧が零の値からE_aの値に達するまでの時間に進行する距離の$1/2$より小さいものとし，また，変圧器の進行波に対するインピーダンスは無限大と仮定する．

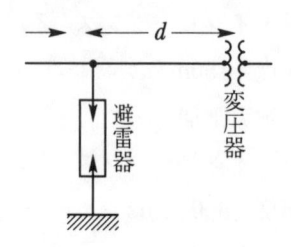

（注）：進行波が避雷器に達した時刻を$t=0$とすると，それが変圧器に達するまでの時間Tは，$T=d/v$である．変圧器の位置では，進行波は$s(t-T)$となり，変圧器のサージ・インピーダンスが無限大とするのであるから，反射波は$s(t-T)$となる．よって，変圧器にかかる電圧は$2s(t-T)$となることがわかる．次に，反射波が避雷器に達する時刻は$t=2T$であるから，$2T$以後避雷器電圧は，$st+s(t-2T)=2s(t-T)$，$t=t_0$で避雷器の制限電圧E_aになったとすると，$E_a=2s(t_0-T)$なる関係がある．よって，$t=t_0+T$における変圧器の電圧は$2st_0$となる．$t=t_0+T$以後は，避雷器からの負反射が変圧器にくるので，電圧は上昇しなくなる．すなわち，$t=t_0+T$のときに変圧器の電圧は最高となり，$E_a+2sT=E_a+\dfrac{2sd}{v}$となる．

〔問30〕発変電所のがいし類の汚損とその防止対策について述べよ．

〔問31〕3相1回線の送電線路がある．これの各導線の自己サージ・インピーダンスはZ，相互サージ・インピーダンスはZ_mである．これに自己サージ・インピーダンスZ'，各導線との相互サージ・インピーダンスがそれぞれZ_m'なる架空地線を設置すると，導線3条を一括したサージ・インピーダンスはいくらになるか．また，これを架空地線のない場合のそれと比較せよ．なお，架空地線の接地は完全であるものとする．

〔問32〕送電線の耐雷設計について知るところを述べよ．

〔問33〕架空地線の効果を列挙し，簡単に説明せよ．

〔問34〕送電線路に使用する懸垂がいし1連の個数は，どのようにして定められるかを説明せよ．

〔問35〕図のように，自己サージ・インピーダンスZ_gが500Ωの架空地線1条を有する三相1回線鉄塔の頂部に雷直撃を受けた．この場合，がいしに加わる電圧の最大値はいくらになるか．ただし鉄塔の塔脚接地抵抗Rは20Ω，架空地線と各電線との相互サージ・インピーダンスZ_mは150Ω，雷電圧はその波形がく(矩)形で，波高値e_0は8000kVであり，また，雷道のサージ・インピーダンスZ_0は400Ωとし，電線の

6 送電線路の絶縁・演習問題

商用周波の常規対地電圧は無視する．また，鉄塔と架空地線または電線との相互結合および鉄塔のインピーダンスは無視する．

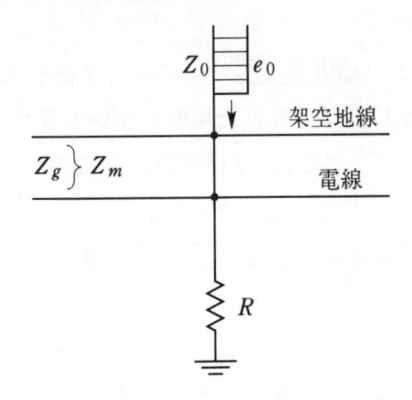

〔問36〕 次の□□□の中に適当な答を記入せよ．

架空送電線路で，□□□を遮へいするのは架空地線であるが，鉄塔または架空地線が雷撃を受けた場合，□□□が大きいと，これを大地へ放出するとき，鉄塔の□□□が小さくても，ここに非常に高い□□□を発生し，このため□□□を起こすことがある．これを避けるため，鉄塔の接地には数条の電線を，鉄塔を中心として地下に放射状に埋設するいわゆる□□□を採用することが多い．

〔問37〕 次の□□□の中に適当な答を記入せよ．

架空送電線路に発生する事故としては，□□□によるものが最も多い．したがって，この事故防止対策として，□□□，□□□などの取付けが従来行われているが，2回線送電線路では，同時に2回線に事故が発生することを避けるため，両回線の□□□に差をつける，いわゆる□□□絶縁方式が実施されている．

〔問38〕 次の□□□の中に適当な字句を記入し，電気設備技術基準に適合するものとせよ．

使用電圧が□□□kVをこえる特別高圧電路の場合で，同一母線に，□□□接続されている架空電線路の数が□□□以上であるか，または架空電線路の数が□□□以下で，回線数が□□□以上のとき，避雷器を省略することができる．

〔問39〕 電気工作物に行う接地工事について，目的別に分類して説明せよ．

〔問40〕 図のような2種類の無損失分布定数線路の接合点に，R_1，R_2の純抵抗（集中定数）を置き，A，B両端いずれの側よりの進行波に対しても，接合点で無反射にしたい．R_1，R_2はどんな値とすべきか．ただし，AC間，BD間の各線路のサージ・インピーダンスは，それぞれ，Z_1，Z_2とし，$Z_1 > Z_2$とする．

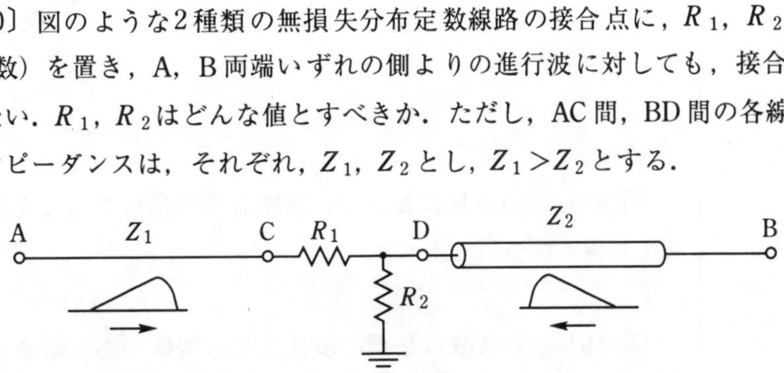

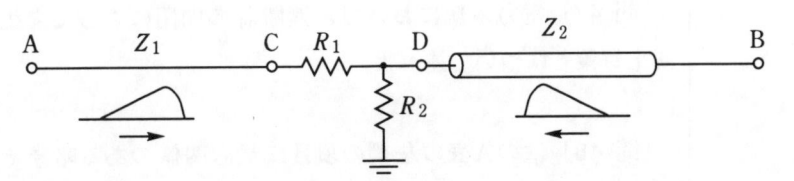

〔問 41〕送電系統に発生すると考えられる異常電圧の種類を挙げ，簡単に説明せよ．

〔問 42〕次の□□□の中に適当な答を記入せよ．
電線路に雷撃を受けた場合のがいし連に加わる電圧は一般に，$V = RI(1 - C_f)\alpha$ で表わされる．ここに，I は雷撃による鉄塔電流，R は鉄塔の衝撃電流に対する□□□，C_f は□□□と□□□との結合係数，α は隣接鉄塔からの反射による□□□を表わし，この値がいし連の□□□より小さくなるように R の値を選定する．

〔問 43〕図において，第1線路のサージ・インピーダンス Z_1 は 600Ω，第2線路のサージ・インピーダンス Z_2 は 300Ω であって，この二つの無損失線路の間に，抵抗 R〔Ω〕が入れてある．第1線路上を高さ E〔V〕なる電圧の連続長方形（く形）波が，b 点に向って進行してきたとき，Z_2 への透過度を $\frac{1}{3}E$〔V〕とするには，R の値をいくらにすればよいか．また，この場合，R で消費される電力は，入射する電力の何 % か．

〔問 44〕発送変電および配電設備で起こる，いわゆる塩害とは，どのような障害をいうのか．また，その防止対策として，どういう方法があるかを述べよ．

〔問 45〕次の□□□の中に適当な答を記入せよ．
送電線路の塩害防止のために，一般に等価□□□を測定して汚損管理を行っているが，その防止対策として□□□塗布による方法のほか，がいし連の□□□を長くするため，がいしを□□□し，または□□□を使用する．

〔問 46〕長さ l，サージ・インピーダンス Z の3本の無損失線路が図のように接続されている．いま，$t = 0$ においてスイッチ S を閉じたとき，時間域 $0 < t < \frac{4l}{g}$ におけるP点の電位を求めよ．ただし，g は進行波の速度，また，$R = Z$ とす．

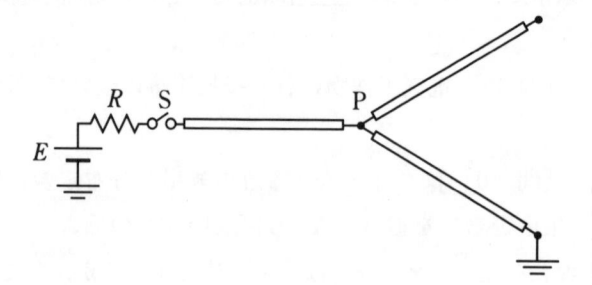

〔問 47〕電力系統において，遮断器の開閉によって発生するサージの種類とその防止対策とについて述べよ．

〔問 48〕次のA表の左欄の項目に最も関係のある略号それぞれ一つを，同表右欄

から選び，これをa, b, cなどの符号によってB表の（ ）内に記入せよ．

A 表		B 表
（イ）周波数制御	（a） DV	（イ）――（ ）
（ロ）雷害	（b） AFC	（ロ）――（ ）
（ハ）鉄塔	（c） URD	（ハ）――（ ）
（ニ）地中配電	（d） IKL	（ニ）――（ ）
（ホ）引込用絶縁電線	（e） MC	（ホ）――（ ）

〔問 49〕電力系統の絶縁協調について説明せよ．

〔問 50〕図の電線路は，長さl，サージ・インピーダンスZ_0，伝搬速度v_0とし，損失は無視できるものとする．スイッチSを閉じてから，それぞれ $2\left(\dfrac{l}{v_0}\right)$, $6\left(\dfrac{l}{v_0}\right)$ および無限の時間を経過した後におけるRの端子電圧Vを求めよ．ただし，電源の電圧をEとし，また，$3R = Z_0$とする．

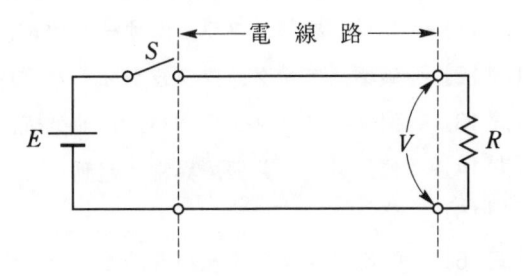

〔問 51〕図に示すように，ケーブル回路の心線鉛被間を進行する長方形波電圧Eが鉛被の不連続部に到来したとき，心線鉛被間に生ずる電圧E_A，E_Bおよび鉛被相互間に生ずる電圧E_{AB}を求めよ．ただし，ケーブルのサージ・インピーダンスは，心線鉛被間20Ω，鉛被大地間10Ωとし，鉛被の内面と外面との電位差は零とする．

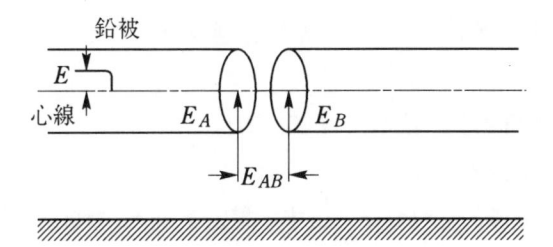

送電線路の絶縁・演習問題の解答

〔問1〕　B

〔問2〕　250 Ω

〔問3〕　略

〔問4〕　C

〔問5〕　略

〔問6〕　略

〔問7〕　B

〔問8〕　$R = 600\,\Omega$，Rで消費される電力は入射波電力の0.56倍

〔問9〕　略

〔問10〕　B

〔問11〕　乾燥，導体，フラッシオーバ放電，清掃

〔問12〕　破壊，アーク，フラッシオーバ電圧，低い

〔問13〕　架空，フラッシオーバ，接地抵抗，電位，逆フラッシオーバ

〔問14〕　軽，磁気，共振，異常，起動

〔問15〕　略

〔問16〕　乾燥フラッシオーバ，注水フラッシオーバ，衝撃フラッシオーバ，油中破壊

〔問17〕　略

〔問18〕　略

〔問19〕　中性点，レベル（階級），$\dfrac{1}{\sqrt{3}}$，段，避雷器

〔問20〕　大き，雷電流，逆フラッシオーバ，高（大き），埋設地線またはカウンタポイズ

〔問21〕　注水，4〜5，劣化，1

〔問22〕　略

〔問23〕　(a) rに生ずる電圧をe_aとすれば，

$$e_a = \frac{100 \times 2}{500 + 100}E = 0.333E$$

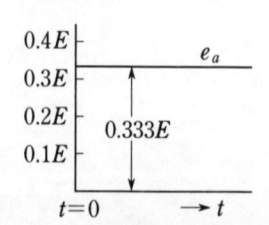

(b) ケーブルに侵入する電圧を$e_b{}'$とすれば，

$$e_b' = \frac{50 \times 2}{500 + 50}E = 0.182E$$

r に生ずる電圧を e_b とすれば

$$e_b = \frac{100 \times 2}{50 + 100} \times 0.182E = 0.243E$$

ケーブル中の伝搬時間は $300/150 = 2\,\mu s$

(c) ケーブルの心線外被間に侵入する電圧を e_c', 外被大地間に侵入する電圧を e_c'' すれば,

$$e_c' = \frac{50 \times 20}{500 + 50 + \frac{20 \times 250}{50 + 250}}E = 0.169E$$

$$e_c'' = \frac{\frac{50 \times 250}{50 + 250} \times 2}{500 + 50 + \frac{50 \times 250}{50 + 250}}E = 0.141E$$

よって, e_c'' により r に生ずる電圧を e_{c1} とすれば,

$$e_{c1} = \frac{100 \times 2}{50 + 250 + 100} \times 0.141E = 0.0705E$$

この電圧が生ずる時刻は, $300/300 = 1\,\mu s$

次に, e_c' によって r に生ずる電圧を e_{c2} とすれば,

$$e_{c2} = \frac{100 \times 2}{50 + 250 + 100} \times 0.169E = 0.0845E$$

この電圧が生ずる時刻は, $300/105 = 2\,\mu s$

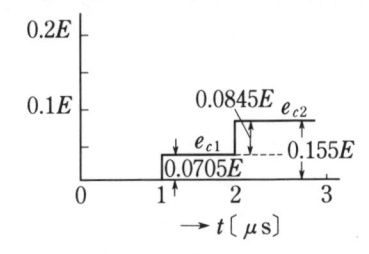

〔問24〕 略

〔問25〕 B

〔問26〕 (イ) 16, (ロ) 200号, (ハ) 14Ω以下

〔問27〕 C

〔問28〕 架空地線, 電圧上昇, 逆フラッシオーバ, 接地抵抗, 逆フラッシオーバ, 架空地線

〔問29〕 $E_a + \dfrac{2sd}{v}$, ただし2, $d \leq \dfrac{vE_a}{s}$

〔問30〕 略

〔問31〕 架空地線がある場合

$$\frac{Z + 2Z_m}{3}\left\{1 - 3\frac{(Z_m')^2}{Z'(Z + 2Z_m)}\right\}$$

架空地線がない場合

$$\frac{Z + 2Z_m}{3}$$

$$比 = 1 - \frac{3(Z_m')^2}{Z'(Z + 2Z_m)}$$

〔問32〕 略

〔問33〕 略

〔問34〕 略

〔問35〕 496 kV

〔問36〕 雷，雷撃電流（雷電流），接地抵抗（塔脚抵抗），電位（鉄塔電位），逆フラッシオーバ，埋設地線（カウンタポイズ）

〔問37〕 雷害，架空地線，アークホーン，絶縁，不平衡（格差）

〔問38〕 50，常時，5，4，8

〔問39〕 略

〔問40〕 $R_1 = \sqrt{Z_1(Z_1 - Z_2)}$, $R_2 = Z_2 \sqrt{\dfrac{Z_1}{Z_1 - Z_2}}$

〔問41〕 略

〔問42〕 塔脚接地抵抗，架空地線（電線），電線（架空地線），波高低減率，衝撃フラッシオーバ電圧値

〔問43〕 $R = 900\,\Omega$，入射する電力の 66.7 %

〔問44〕 略

〔問45〕 塩分付着量，シリコーン・コンパウンド，漏れ距離，増結，耐霧がいし（スモッグがいし）

〔問46〕 $\dfrac{E}{3}$

〔問47〕 略

〔問48〕 (b)，(d)，(e)，(c)，(a)

〔問49〕 略

〔問50〕 $2\left(\dfrac{l}{v_0}\right)$ の場合 $\dfrac{1}{2}E$，$6\left(\dfrac{l}{v_0}\right)$ の場合 $\dfrac{7}{8}E$，無限の時間経過後 E

〔問51〕 $E_A = \dfrac{4}{3}E$，$E_B = \dfrac{2}{3}E$，$E_{AB} = -\dfrac{2}{3}E$

7 中性点接地方式

　3相送電が交流方式として優れている以上は，送電に不可欠の方式としなければならない．その中性点の処理方法は，送電線および機器の絶縁設計，送電線から通信線その他への誘導障害 (inductive interference)，故障区間検出のための保護継電器 (protective relay) の動作，遮断器の遮断容量 (rupturing capacity)，避雷器の動作および系統の安定度 (system stability) などに，大きな影響をもたらす．

中性点処理方法　　わが国の3相送電方式における**中性点処理方法**として現用されているものは，比較的低電圧系統における非接地方式 (non-grounding system)，66〜77kV級送電線にかなり採用されている消弧リアクトル (arc suppressing reactor or Petersen coil) 接地方式，66〜154kVの広い範囲に使われている高抵抗接地方式 (high-resistance grounding)，および超高圧系統の直接接地方式 (direct-grounding system) が主なるものである．

　つぎに，わが国の主要送電幹線 (trunk line) は，電力の不断送電の役割を果す重要性より，2回線 (two-circuit route) とするが，こう長が大なる場合，平常時の保守上，事故時の1回線遮断区間を短くして，送電容量および安定度を向上させるために，

開閉所　　適当間隔に**開閉所** (switching station) を置くことが有利とされ，従前はかなり設置されていた．超高圧送電線路においては，設備費を節約すること，高速度再閉路遮断器 (high-speed reclosing circuit breaker) の採用により，故障区間の遮断後20ヘルツ前後の短時間内にもとの2回線に復旧できることの二つの理由から，開閉所の設置をしない傾向にある．

　しかしながら，旧来から設置されているものは，依然として使用されているので，その概略を述べておく．

7・1　非接地方式

　運転電圧が33kV以下の短距離送電系統に，系統を簡易化する意味において採用さ

△−△結線　　れる接地方式である．主変圧器を**△−△結線**とすれば，変圧器巻線電流を線電流の$1/\sqrt{3}$とすることの有利さがあるので，よく△−△結線が使われる．単相変圧器3

V−V結線　　台による変圧を行っている場合には，1台が事故を起こしたとすると，**V−V結線**にして，△−△結線の場合の$1/\sqrt{3}$の電力供給を継続できることもすぐれた結線といえよう．

　この結線では系統に中性点がないので，送電線路も非接地式とならざるを得ない．もし，1線が何かの原因で地絡を起こしたとすると，他の健全相の対地電圧が$\sqrt{3}$倍

7 中性点接地方式

に急昇するほか，健全相の対地キャパシタンスを通じ地絡電流が流れる．地絡がアークであるような場合，1・2の(b)で述べたような高周波振動を起こし異常電圧が発生するので，がいしなどが損傷を受ける場合がある．

接地変圧器 このように異常電圧を軽減したり，健全相の電圧上昇を抑制したりするために，**接地変圧器**（grounding transformer）を使用することがある．地絡事故の際，地絡点とこの接地変圧器の中性点との間にだけ，地絡電流を通す目的であるので，線路側の結線はY，その2次側は△結線として，△ループの1角に，地絡電流を抑える必要上，抵抗をそう入する場合もある．すなわち，△ループに地絡による零相電流（zero-phase-sequence current）だけが通ずる．したがって，この零相電流をもって，接地継電器（ground relay）を動作させ，地絡回線が遮断可能となる．接地変圧器は，地絡時だけ使用されるものであるから，その定格は非常に高く，定格時間はせいぜい60秒程度とする．

7・2　消弧リアクトル接地方式

ペテルゼン・コイル　66～77kV送電線路に，割合よく使われている中性点接地方式である．この接地方式は，ドイツで案出されたもので，創始者の名をとって，**ペテルゼン・コイル**（Petersen coil）ともいい，ドイツでは100kV送電系統にまで使われた．なお，よくPC接地と略称される．わが国では大正時代の中期に，九州で66kV系統に始めて採用された．

(a) 消弧リアクトル方式の原理

図7・1(a)は，たとえば送電端変圧器の中性点に，L〔H〕だけと仮定したリアクトルをつないだときに，c相のF点で1線が地絡したとする．線路の直列インピーダンスは，対地キャパシタンスによる並列インピーダンス値に比して小さいので省略することとし，また対線キャパシタンスが影響しないと考えてよい．

1線地絡　電源変圧器の2次側における平衡状態の各相電圧を$\dot{e}_a, \dot{e}_b$および$\dot{e}_c$〔V〕で，c相のF点で1線地絡したとする．健全相aおよびb相の対地電圧としては，図7・1(b)のベクトル図で明らかなように，$\dot{E}_{ca}$および$\dot{E}_{cb}$〔V〕のように線間電圧が加わる．すなわち，c相の対地電圧は地絡によって0となるから，中性点Nの電圧は，変圧器の1次から電圧が与えられているので，相電圧$-\dot{e}_c$に上昇するから，これとaおよびb相の相電圧$\dot{e}_a$および$\dot{e}_b$をベクトル的に加えると，$-\dot{e}_c = e$〔V〕を基準ベクトルにとれば，

$$\dot{E}_{ca} = -\dot{e}_c + \dot{e}_a = e + e\varepsilon^{j60°} = e(1+\cos 60°) + je\sin 60°$$

$$= \frac{\sqrt{3}}{2}(\sqrt{3}+j1)e \text{〔V〕}$$

および　$\dot{E}_{cb} = -\dot{e}_c + \dot{e}_b = e + e\varepsilon^{-j60°} = \frac{\sqrt{3}}{2}(\sqrt{3}-j1)e \text{〔V〕}$ \right\} \qquad (7・1)

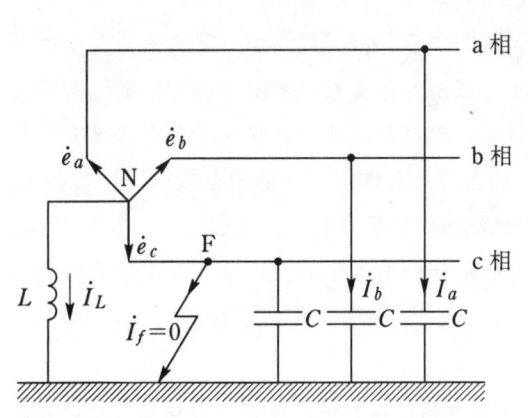

7・2 消弧リアクトル接地方式

(a) 消弧リアクトル系統における1線地絡

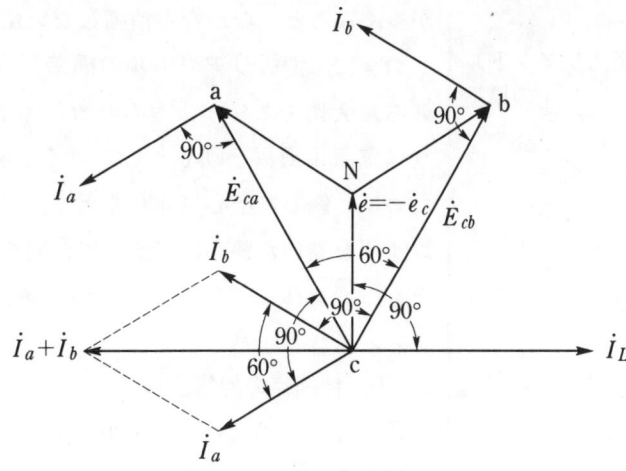

(b) 消弧リアクトル系統の1線地絡時のベクトル図

図7・1

いま，a，bおよびcの各相の右側は切れているものと考え，各相の対地全線キャパシタンスをおのおのC〔F〕，角周波数 (angular frequency) をω〔rad./s〕とすれば，aおよびb相からcに通ずる電流は，

$$\left.\begin{array}{l}\dot{I}_a = j\omega C \dot{E}_{ca} = j\omega C \cdot \dfrac{\sqrt{3}}{2}(\sqrt{3}+j1)e \text{〔A〕} \\ \text{および } \dot{I}_b = j\omega C \dot{E}_{cb} = j\omega C \cdot \dfrac{\sqrt{3}}{2}(\sqrt{3}-j1)e \text{〔A〕}\end{array}\right\} \quad (7\cdot2)$$

c相のキャパシタンスは，地絡で短絡されているから，$\dot{I}_a$と$\dot{I}_b$の合成が地絡点Fを通過する．

$$\dot{I}_a = \dot{I}_b = j3\omega C \cdot e \text{〔A〕} \quad (7\cdot3)$$

つぎに，中性点Nに図7・1(a)のとおり，インダクタンスL〔H〕がつながれていると，$-\dot{e}_c = e$が加わっているから，

$$\dot{I}_L = -j\dfrac{e}{\omega L} \text{〔A〕} \quad (7\cdot4)$$

両式(7・3)と(7・4)の電流の和は

$$\dot{I}_f = \dot{I}_a + \dot{I}_b + \dot{I}_L = j\left(3\omega C - \dfrac{1}{\omega L}\right)e \text{〔A〕} \quad (7\cdot5)$$

となるので，もし式(7・5)の右辺かっこ内が0であれば，$\dot{I}_f = 0$となり，地絡点Fから大地へ流れる電流はなくなるので，他物が近接してアークで地絡したとすれば，完全にアークが消えるので，この目的を果すためのインダクタンス・コイルを**消弧リアクトル**という理由はここにある．

消弧リアクトル

その必要とするリアクタンスは，

$$\omega L = \dfrac{1}{3\omega C} \text{〔Ω〕} \quad (7\cdot6)$$

である．しかし，消弧リアクトルの直列抵抗や，線路の直列インピーダンスなどもあるので，完全に$\dot{I}_f = 0$とはし難いが，$\dot{I}_f \fallingdotseq 0$に近い値であれば，消弧しうる．

なお，1線地絡によって，健全相の対地電圧が線間電圧に上がるので，不平衡電圧によるコロナを伴う．これは一種の漏れ抵抗であるから，電圧と同相成分の地絡電流を通すので，この電流は消去できない．したがって，図7・1(b)で$\dot{I}_f$のeと同相分

―47―

が多くなると，なかなか消弧しない場合がある．

消弧リアクトルの構造 つぎに，**消弧リアクトルの構造**につき説明する．ωL〔Ω〕が一定であることはもちろん大切であるが，空心のコイルでは寸法が大きくなって困るので，変圧器のように電気用鋼板を鉄心としてコイルを巻く．ただし，インダクタンスを不変とするために，鉄心に空心（木片などを使う）のところを作って，飽和を微小にしている．コイルを巻いた鉄心は，変圧器と同様絶縁油槽中に置くので，外観はブッシング1本をもった変圧器と同様で，他の端子は接地電極であるから，ブッシングは非常に小さい．

(b) 地絡点の絶縁回復

図7・2は，消弧リアクトルが動作後，1線地絡点における絶縁が回復して地絡電流が消失し，地絡前の電圧にもどる状況を示す回路で，結局，対称座標法における零相回路である．

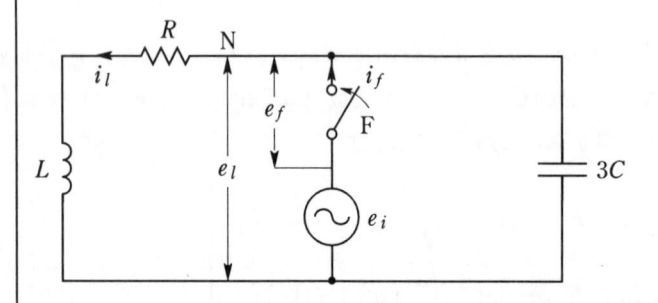

図7・2　1線地絡後の共振回路

図7・2において，開閉器Fが閉じた場合が地絡しているときで，電圧$\dot{e}_c$が0となった地絡相と中性点Nの間の電圧$\dot{e}$が，$3C$とLの並列回路に加わり，**並列共振**

並列共振 (parallel resonance) を起こした場合に相当する．なお，R〔Ω〕は，実際の送電系統におけるすべての電力損相当の抵抗を代表するものとする．したがって，$3C$とLとが共振条件を満足していれば，Fには$\dot{e}$と同相成分のわずかな電流$\dot{I}_f$〔A〕が通じて，

アーク電流 アーク電流となるのであるが，しだいに$\dot{I}_f$は消失していく．

この場合，$\dot{e}_i$〔V〕を式 (7・1) と (7・2) に示した$-\dot{e}_c = \dot{e}$の瞬時値とし，e_m〔V〕を最大値とすれば，

$$e_i = e_m \sin\omega t \quad [\text{V}] \tag{7・7}$$

のように表わされるし，また消弧リアクトルのL〔H〕に通ずる電流の瞬時値は，R〔Ω〕の影響を無視すると，

$$i_l \fallingdotseq \frac{e_m}{\omega L}\sin(\omega t - 90°) \quad [\text{A}] \tag{7・8}$$

となる．なお，開閉器Fに現われる瞬時電圧をe_f〔V〕，瞬時電流をi_f〔A〕とする．

よって，並列共振状態では，共振回路において，$3C$に蓄積される静電エネルギー (electrostatic energy) と，Lに蓄積される電磁エネルギー (electromagnetic energy) とが，電源周波数をもって交換する．いいかえれば，$3C$に蓄積された静電エネルギーを放出する場合は，Lに電磁エネルギーが蓄積するというように，相互に振動するわけであり，しだいにRにエネルギーを吸収されて，上記振動はその振幅を小さくしていく．静電エネルギーE_c〔J〕および電磁エネルギーE_l〔J〕のそれぞれは（開閉器Fが閉じた状態であるから，$e_f = 0$），

7・2 消弧リアクトル接地方式

$$E_c = \frac{3C}{2}e_i^2 = \frac{3C(e_m\sin\omega t)^2}{2} \quad \text{[J]}$$

および $$E_l = \frac{L}{2}i_l^2 = \frac{\{e_m\sin(\omega t - 90°)\}^2}{2\omega^2 L} \quad \text{[J]} \quad (7\cdot 9)$$

で与えられる．ただし，i_l〔A〕はLに通ずる電流であるが，Fが閉じているので，L に加わる瞬時電圧 $e_l = e_i$ となっている．

次に，図7・2において，開閉器Fを開くということは，地絡電流 i_f がしだいに小さくなって $i_f = 0$ になったことを示す．したがって，$i_f = 0$ の場合では消弧が完成されたのであるから，地絡相cの電圧はもとの瞬時電圧 e_c に復帰し，**中性点Nの電圧** e_l〔V〕は0にならなければならないので，

中性点Nの電圧

$$e_l = e_f + e_i = 0 \quad \text{[V]} \quad (7\cdot 10)$$

すなわち，e_f は，Fが開かれたときに生ずる電圧で，地絡相cの電圧 e_c になるべきものの瞬時値である．式(7・10)から e_f は

$$e_f = -e_i = -e_m\sin\omega t \quad \text{[V]} \quad (7\cdot 11)$$

となるが，$-e_i$ は図7・1(b)で基準ベクトルにとった e に対し，$-e_c$ となるベクトルの瞬時値を与える．

ところで，中性点Nの電圧が，一瞬にして $e_l = 0$ となるわけではなく，また地絡相の電圧 e_f もすぐ地絡前の電圧となるわけではない．図7・2に示したRが存在するので，Fが開かれた後の**直列共振回路**における振動エネルギーがしだいに減少していき，$i_f = 0$ および消弧リアクトルに通ずる i_l〔A〕が0になったときに，もとの平衡状態となるので，地絡瞬時から，平衡状態にもどるまでの経過は，図7・2のLとR による**時定数** (time constant) により減衰するものと考えてよい．図7・3は，e_i, i_l（e_i からほとんど90°位相が遅れる），e_l および e_f のそれぞれに対する地絡発生後の波形の概要を示したものであり，i_f なる地絡電流が消失後の消弧リアクトル電流の減少と，地絡相cの電圧回復とを注目されたい．

直列共振回路

時定数

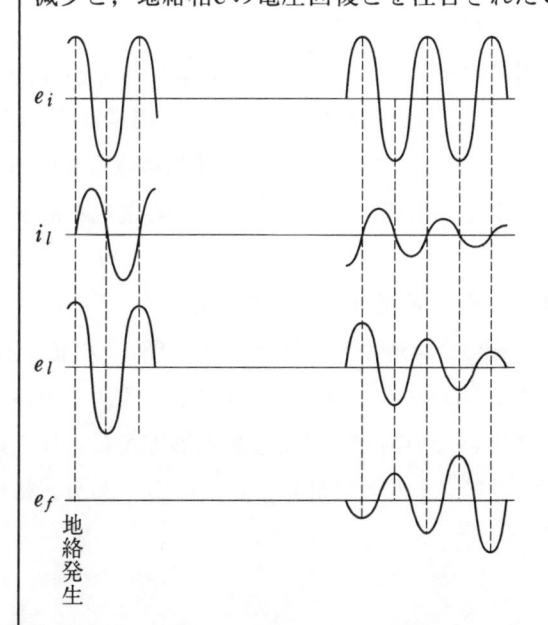

図7・3 消弧リアクトル動作後の過渡現象

（c）消弧リアクトル接地の利害得失

消弧リアクトルの構造のだいたいは，すでに述べたが，もう一つつけ加えたいも

7 中性点接地方式

のは，リアクトルにいくつかのタップ（tap）を出しておくようにすれば，送電系統の切換えなどで，送電線のこう長が変化した場合，共振条件を変えるためLの調整が可能となる．

なお，消弧リアクトルの運用としては，与えられた送電線に完全な共振点を作ると，地絡時には並列共振となり，消弧後，いいかえれば，平常運転時では直列共振となるおそれがあり，送電線の撚架が完全でない場合は，中性点に**残留電圧**（residual voltage）があることとなり，大きな直列共振電流が流れ，消弧リアクトルの印加電圧ばかりでなく線路の対地電圧も昇り，異常電圧を発生するおそれがあるので，普通には消弧リアクトル電流を少し大きくとるようにする．この場合を**過補償**（over compensation）という．

残留電圧

過補償

消弧リアクトルの利点は，
(a) 1線地絡事故の大部分はただちに消弧され，故障が除去される．
(b) 完全に地絡点で消弧されない永久地絡となったとしても，送電継続は不可能でない．
(c) 地絡電流が小さく，かつ消弧を完成すれば，故障電流により電線が溶断するとか，がいしが損傷するようなことはない．
(d) 1線地絡事故時の過渡安定度（transient stability）が高くなる．
(e) 近傍の通信線への電磁誘導障害がきわめて少ない．

上に列記した利点に対して，下記のような欠点もあることを注意すべきである．
(a) すでに概説した構造のとおりであるから，設備費は決して安価ではなく，中性点接地方式中もっとも高い．
(b) 送電系統の増大につれて，いちいち消弧リアクトル容量を変更しなければならない．
(c) 消弧リアクトルが中性点にあるにもかかわらず，1線が断線したとすると，対地キャパシタンスが不平衡になるので，消弧リアクトルの中性点側端子に異常電圧が発生する場合がある．
(d) 平常時直列共振近くで消弧リアクトルが中性点にあるから，もし中性点に残留電圧が生ずるならば，ほぼ直列共振になるので，異常電圧の原因になる．
(e) 1線地絡電流が小さいから，これを使用して接地継電器を動作させようとするには困難がある．しかし，消弧リアクトルに通ずる電流を活用する手もあることをいい加えておく．

なお，消弧リアクトルの最大電流（タップを考え）が，I〔A〕であり相電圧がe〔kV〕であれば，3相1回線では対地キャパシタンスC〔F〕の3倍，2回線では6倍を考え，kVA容量は$3\omega Ce^2$または$6\omega Ce^2$〔kVA〕となる．消弧リアクトルを働かせたまま送電継続するようなことはないので，適切な継電器方式により，地絡のある線路を遮断するのが一般で，リアクトルの定格はせいぜい15〜30分定格程度に設計されている．

7・3　高抵抗接地方式

　わが国の送電線路の発達が超高圧採用に至る直前まで，中性点接地方式の主役を果していたわが国独特の接地方式である．もし，中性点が非接地であると，1線地絡が発生すれば，地絡電流は地絡相に対し90°位相の進んだ電流であり，その大きさはこう長と電圧に比例するので，他への電磁誘導障害をおよぼすばかりでなく，健全相の対地電圧が急に高まるので，送電線路の絶縁はもとより，接続機器に大きな絶縁強度を必要とするので不経済である．

　これらの欠点をいくぶんでも除去する目的で，高抵抗を通じて中性点を接地し始めたのは，わが国ではかなり古いことである．わが国の地域が細長い関係上，送電線路のこう長が大となり，かつ通信線や鉄道と近接せざるを得ない．よって，送電線の1線地絡時における地絡電流を，接地を高抵抗として抑制せざるを得なかった．

接地抵抗　　**接地抵抗**としては，鋳鉄製グリッド（iron grid）の抵抗器で，地絡時には中性点電圧が相電圧程度に上昇するので，がいしを用いて大地に対し絶縁した架台上に抵抗器を設置したものであるが，接地側へいくほど，がいし架台の絶縁度を低下させてもよい．抵抗値としては，100Ωから1 000Ω近くまでも採用されているが，もっぱら他へおよぼす電磁誘導電圧の大小によって抵抗値が左右されるが，地絡電流を100〜300A程度に抑えていることが多い．なお，**接地抵抗器の定格**も，継電器動作を期待

接地抵抗器の定格　　して5〜60秒の短時間定格とし，普通，30秒のものがもっとも多く，温度上昇も構造上350℃とされている．

　接地個所の数は，1系統で2個所以上接地すると第3調波などの高周波電流が常時流れるから，電磁誘導障害の原因となりそうなので，1系統1個所を原則としている．実地試験からそのおそれがわずかであることが明白にされたので，現在の2個所以上の複式接地とし，地絡電流の分流を図って電磁誘導作用を軽減させ，かつ，異常電圧の防止対策の一環としている．

　高抵抗接地方式では，接地抵抗を通ずる電流が小さいから，この電流を利用して継電器を動作させる場合，微小電流を検知するのに，電流変成器（current transformer）に工夫が必要となる．

7・4　直接接地方式

直接接地方式　　中性点を直接に接地する方式で，第2次世界大戦後出現したわが国超高圧送電系統（extra high voltage transmission system，略してEHV線などという）には，経済送電の立場から，直接接地方式が採用されるに至った．**直接接地方式**は，古くから米国において採用されてきた接地方式で，十分その性能は証明ずみのものであり，ヨーロッパ各国も超高圧系統に対し，すべて直接接地方式によっている．

　直接接地方式の長所をあげれば，下記のとおりである．

(a) 1線地絡の際，健全相の電圧はほとんど上昇しないので，線路絶縁はもとより接続機器の絶縁が軽減される．

段絶縁
(b) したがって，中性点電圧は常に0であるので，主変圧器などに**段絶縁**（graded insulation）を施すことができるので，変圧器価格が安くなる．

(c) 地絡事故の際，故障電流が大きいので，保護継電器の動作が確実となる．

(d) ほかの接地方式にくらべ，中性点が直接接地されているので，開閉異常電圧も小さい．

以上の利点は，送電電圧が高くなるほど顕著に現われるに反し，つぎのような欠点があることを知らねばならない．

(a) 地絡すれば，1相短絡となるので地絡電流が大きく，通信線への電磁誘導は激しい．

(b) 地絡の際の過渡安定度は低下する．

(c) 架空送電線路の事故の70～80％は1線地絡故障であるから，遮断器の処理しなければならない遮断電流が大となる．

(d) 地絡した点の損傷や，機器の受ける電磁力（electromagnetic force）は，電流の2乗に比例して増す．

これらの欠点のうち，(c)を除いては，高速度遮断器の発達によって，かなり補えるものである．

7·5 抵抗リアクトル並列接地方式

高リアクタンス接地
これは，高抵抗と高リアクタンスとを並列に中性点へそう入する方式であり，その主なる効果は，高抵抗接地方式とよく似ているが，次の点で**高リアクタンス接地**が有効となる．

長距離の架空線があり，これとケーブル回線がつながったような系統で，1線地絡が起ると，対地キャパシタンスが非常に大きいので，高抵抗接地だけでは地絡相に対し90°位相の進んだ地絡電流の抑制対策はない．したがって，このような場合，消弧リアクトルではないが，ある大きさの遅れ電流を中性点に通じてやるよう高リアクタンスをそう入すれば，前記，進み電流の地絡電流をある程度消去できるので，故障電流が小さくなって電磁誘導を軽減し，かつ零相回路として，容量性リアクタンスを低下することになり，異常電圧発生の機会を少なくする．

7·6 その他の中性点接地方式

低抵抗接地
限流リアクトル接地
前節まで記述した接地方式のほかに，**低抵抗接地**（low-resistance ground）と**限流リアクトル接地**（current limiting reactor ground）などがある．前者は高抵抗接地と直接接地との中間，また後者は消弧リアクトルと直接接地との中間というように，

それぞれの効果がある．わが国では，いずれも採用されていないが，米国ではまれに採用されている場合がある．とくに，著者の興味をもつのは，送電端中性点を低抵抗接地し，同期調相機を設備しているような受電端中性点に限流リアクトルを入れて接地する方式である．この方式によれば，1線地絡時の過度安定度をかなり向上できるので，模擬送電系統で実験的に確めたことがある．なお，これを具体化した220kV系統が，米国にただ一つあることをつけ加えておく．

7・7　有効接地系統と非有効接地系統

有効接地系統

非有効接地系統

　有効接地系統（effective grounding system）というのは，中性点接地系統において事故発生の際，健全相の対地電圧が，事故発生前の線間電圧の80％以下である系統をいい，もし80％をこえる場合は，非有効接地系統（non-effective grounding system）といい，一般に，系統の任意の点から見た零相リアクタンスの正相リアクタンスに対する比が3より大きくなく，また零相抵抗の正相リアクタンスに対する比が1より大きくない系統は有効接地系統と認められるが，一般に超高圧直接接地系統は，有効接地系統と考えてさしつかえない．

7・8　有効接地系統と異常電圧

　1・2で説明した図1・9は，154kV送電線路における開閉異常電圧の常規対地電圧に対する倍数であった．わが国の154kV送電線路は，主として高抵抗接地方式によっているので，非有効接地系統である．

　よって，図1・9に見るように異常電圧の倍数が，4倍というような大きさになっている．**有効接地系統**では，開閉異常電圧の上昇もかなり小さく，再点弧1回の遮断器をもって開閉したときの異常電圧は2.8倍程度に低下することが実地試験で明らかになっている．このため，超高圧の有効接地系統には，異常電圧の倍数を2.8倍とする傾向になってきた．

　もちろん，非有効接地系統に対する異常電圧の係数を4倍と考えることは従前と変わりないが，抵抗リアクトル並列接地系統では3.3倍とすることも，ほぼ実行の段階にはいっている．

8 開閉所

8・1 開閉所の目的

　現在高度に発達した送電技術をもってしても，雷撃による送電線の地絡事故を完全にしかも経済性を失うことなく防止することは不可能といえる．

　よって，ひとたび事故が起きたならば，急速にしかも最小区間において故障部分を切離し，送電用機器の損傷を防ぐとともに，全停電などに事故を波及させないように心がけなくてはならない．

　この目的を達成するために，154kV送電線路までには，従来から2回線の主要幹線では線路を適当区間に分けて開閉所を設け，保護継電器と遮断器を置いて，事故の発生した区間を選択遮断させるようにしている．このように，開閉所があると，線路の絶縁劣化がいしの取替工事などの保守や点検区間を最小限にとどめることができ，送電容量と安定度の低下を少なくし，営業送電に支障をおよぼすことのないようにできるが，相当の設備費と経常費がかかる．

　また，送電線路から分岐線 (branch lines) を出すとか，負荷をとる場合，あるいは他の送電線路と連系するときにも開閉所を兼ねさせれば給電上の必要をみたせるので，開閉所の施設は非常に有効とするのが，これまでの考え方であった．

　わが国に超高圧送電系統が出現して以来，中性点の直接接地が採用されるようになり，かつ保護継電器，高速度単相再閉路遮断器 (high speed single phase reclosing circuit breaker) および避雷器の著しい進歩により大きな資金を必要とする中間開閉所を省く傾向が大となった．今後もこの傾向にそうものと考えてよいから，以下の開閉所解説は，従前の154kV系統，またはそれ以下の送電線路用と解釈されたい．

8・2 開閉所の位置と間隔

開閉所としての目的を果すため，次のような位置および間隔とする．
(a) 既設の発電所や，今後開発される発電所との連系に便利な位置におく．短い分岐線の場合には，いわゆるπ接続 (π connection) とすれば，発電所母線で片側の故障回線を切離すことができるので，自ら開閉所の機能を果させることもできる．したがって保護継電器方式としても，動作を明確にさせられる．**T接続** (T connection) では，線路事故のとき，接続発電所も同時に影響を受ける．

(b) 雷害や雪害の多い地方では，開閉所間隔をせまくし，故障区間遮断による安定度低下を防ぐ．

(c) 遮断器，断路器および保護継電器などが設備され，運転員が常時駐在する開閉所では，線路の保線事務所をかねる場合が多いから，交通上の便利な位置でなければならない．

(d) 2回線送電線を開閉所により数区間に分けて，故障区間の選択遮断を行う場合，過渡安定度を保持できるよう，安定度計算を行って適当な間隔をきめる必要がある．間隔の標準距離は，154kV送電線路では大体100km，110kVで70km，66〜77kVで50km位である．

8・3 開閉所の結線方式

選択遮断　　開閉所には，保護継電器により故障区間を**選択遮断**（selctive disconnection）させるため，次のような結線方式（connection system）がある．

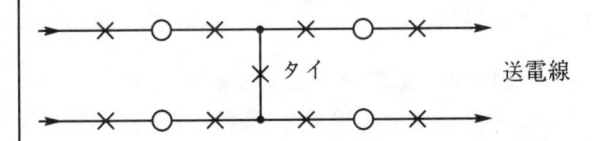

図8・1　分岐線のない開閉所結線

図8・1は，開閉所から分岐線を引出さない場合の結線で，○印は遮断器，×印は断路器を示す．もし，故障時に各回路を単独運転する場合のため，タイ（tie）に遮断器を置く．

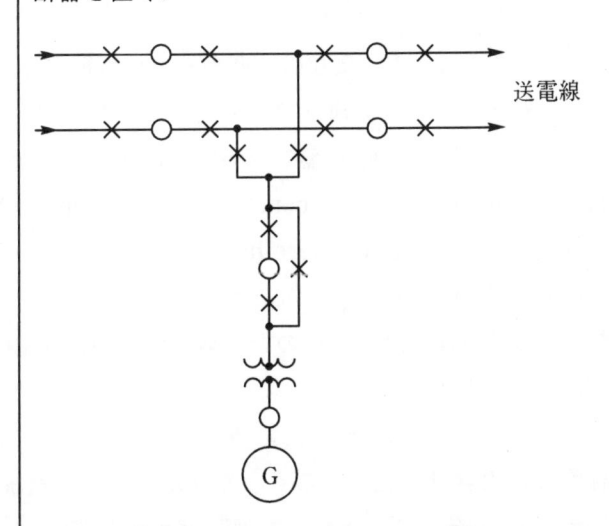

図8・2　1回線分岐線がはいる場合の開閉所結線

図8・2は，1回線の分岐線がはいる場合で，発電所から送電線へ電力を送りこむ場合などの開閉所結線に使われる．図8・3と図8・4は，いずれも分岐線を1ないし2回線引出す場合であるが，図8・4(a)と(b)は開閉所に変電所が併設される場合である．

図 8·3　2回線分岐線が出る場合の開閉所結線

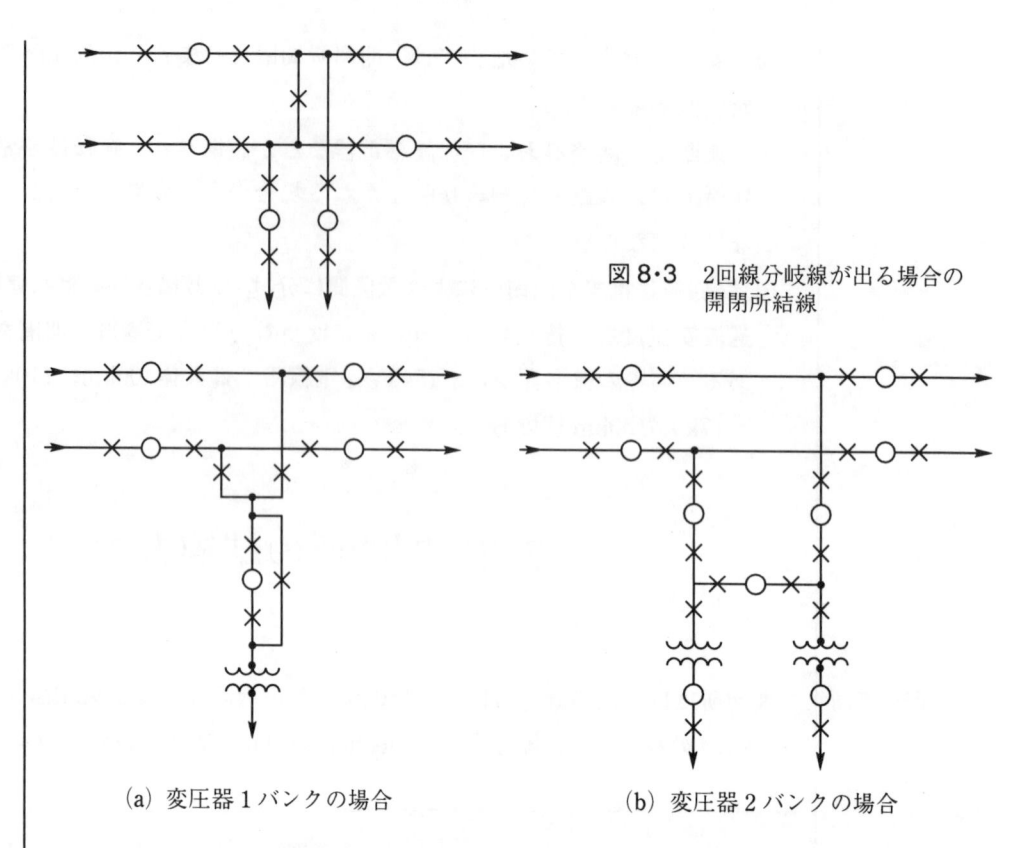

(a) 変圧器1バンクの場合　　　　(b) 変圧器2バンクの場合

図 8·4　変電所を併設する場合の結線

8·4　開閉所の諸設備

　開閉所の主な設備としてもっとも主要なのは遮断器と保護継電器，ついで断路器，母線それらを配置し接続するため，鉄構を設けて支持がいしなどを取付ける．以上は屋外 (outdoor) とするが，配電盤 (switch boards)，直流電源 (d.c. source)，通信設備 (communication equipment) などは屋内 (indoor) とする．これが本館 (main building) で，他に倉庫 (ware house)，修理室 (repairing room) および社宅 (employee's residence) などを作らなければならない．

　なお，開閉所だけでは避雷器を設けないのを一般とするが，変電所を併設する場合は，やはり避雷器をおく必要がある．

(a) 遮断器

　定格電流は，線路の電流容量に相応するものを採用し，交流遮断器規格により，定格電圧，定格遮断容量を決定する．近年，故障区間遮断時間が非常に短縮され3ヘルツ遮断という高速度遮断器を使用し，しかも，故障区間の遮断後20ヘルツ前後で，自動的に再投入する再投入遮断器 (reclosing circuit breaker) が採用されるに至った．現在の遮断器は，油槽形遮断器 (tank-type circuit breaker) の採用がなくなり，圧縮空気操作 (con-trolling by compressed air) で再点弧防止形のがいし形遮断器 (insulator-type circuit breaker)，さらに進んで空気遮断器 (air circuit breaker) や SF_6 ガスを使うガス形遮断器 (SF_6 gas circuit breaker) などを使う時代となったが，

8・4 開閉所の諸設備

設置スペースや資材を節約し，しかも高速度遮断を実現するためである．

(b) 配電盤と継電器

信頼性の高い保護継電器方式により，2回線送電線路における地絡や短絡事故に対し選択遮断を行えるようにする．計器用変成器のうち，電圧に対してはVD（voltage divider）を用い，電流に対しては，電力取引き以外ではブッシングCTでよいが，高抵抗接地あるいは消弧リアクトル接地では，CTに3次巻線（tertiary winding）を設けて零相電流をとり出し，感度の高い接地継電器（ground relay）を採用する．短絡に対しては，過電流継電器（over current relay），電流平衡形選択継電器（current-balance-type selective relay）などを採用するほか，距離継電器（distance relay）や逆力継電器（reverse power relay）の活用も著しくなった．

なお，配電盤には操作盤（controlling board）に加え，送電線の負荷状態を見るため，電流計（ammeter）の他各種指示計器（indicating instruments）を計器盤（meter board）に備える．

(c) 断路器

遮断器のように線電流がある場合に切るものでなく，他から全く絶縁するための開閉器で，低電圧の場合は縦形の刃形開閉器で1極あて切るが，高電圧の場合，鉄構上高いところにある3相1組を下方から1度に切る水平形が多い．

> 充電電流

なお，遮断器を置かない簡易開閉所では，無電圧になったとき断路器だけで区間開閉を行う．このような開閉所では，ときによって，線路の**充電電流**を切る必要がある．この場合，断路器によって，どの位の電流が切れるかの実験結果によれば，154kV送電線路では1～2A（線路の長さにして約5km），77kVでは約6A（約30km）程度の充電電流は，3相1組の断路器で切れるようである．

断路器本来の目的からいえば，遮断器の前後にある断路器を開いて，遮断器の保守点検を行うところにある．

(d) 鉄構と母線

わが国では，発変電所の高圧側はすべて屋外とし，鉄構をトラス形にすると組立ても簡単なのでよく普及している．鉄構は将来の拡張を考えて設計されなくてはならない．ヨーロッパなどでは，鉄コンクリート材，または溝形鋼材などを使っている場合が多い．

なお，3相水平形断路器は，鉄構上10m位になると，その操作が不便かつ不確実になるので，別に鉄枠台かコンクリート台の上に設けたほうがよい．

次に，母線としては銅より線がよいが，漸次ACSRが用いられてきた．母線に故障電流による大きな電磁力や，コロナの発生を考えて，母線間隔や対地間隔を定めなければならない．

とくに，雷害の多い地方や超高圧用の開閉所では，直撃雷防止のため，架空地線を網目形に張る．また，開閉所だけの場合，変圧器がないので避雷器を設けないのが普通である．しかし，変電所を併設する場合は，主変圧器を異常電圧から護るため，当然，避雷器を置くべきである．

(e) 通信設備

開閉所には，給電所・発変電所・保線事務所などとの通信連絡が欠けてはならない．よって，有線共架保安電話，重要送電線路には電力線搬送電話（power line

-57-

8 開閉所

carrier telephone）が使用されるので，結合コンデンサ（coupling condenser）やブロッキング・コイル（blocking coil）などを使用して，電力線に数百kHzの搬送波をのせる．最近は，しだいにマイクロ波（micro wave）による確実な通信を行うようになった．

9 中性点接地方式の演習問題

〔問1〕110kVの3相3線式架空送電線において，図のように電線の撚架を実施した場合に，中性点と大地との間に現れる残留電圧を計算せよ．ただし，電線1km当たりの対地静電容量は，上部電線0.004μF，中部電線0.0045μF，下部電線0.005μFとし，その他の線路定数は無視するものとする．

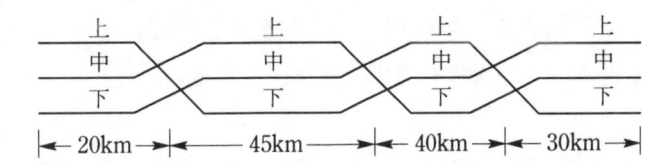

```
    上        上        上        上
    中   ╲╱  中   ╲╱  中   ╲╱  中
    下   ╱╲  下   ╱╲  下   ╱╲  下
   ├─20km─┼──45km──┼──40km──┼─30km─┤
```

〔問2〕次の☐☐☐に適当な答を記入せよ．
消弧リアクトルを送電系統に使用するのは，リアクトルの☐☐☐と線路の☐☐☐とによる☐☐☐共振により，☐☐☐電流を消滅させるためである．

〔問3〕次の問に対する答のうち，正しいものの一つの○の中に×印をつけよ．
わが国で高電圧送電線路の中性点接地用として使用される抵抗器の時間定格は，普通，
　　A○6ヘルツ，B○30秒，C○10分，D○1時間

〔問4〕次の問に対する答のうち，正しいものの一つの○の中に×印をつけよ．
同一送電線路において，1線地絡の場合，地絡電流の最も小さい中性点接地方式は，
　　A○非接地，B○直接接地，C○抵抗接地，D○消弧リアクトル接地

〔問5〕下記の☐☐☐の中に適当な答を記入せよ．
わが国においては，通信線への☐☐☐が問題となるために，送電線路の☐☐☐接地方式および☐☐☐接地方式が発達した．前者は普通地絡電流を☐☐☐アンペア程度に抑える抵抗をもって，送受両端接地が行われる．後者は特に☐☐☐がいしを使用する送電線路でその効果が大きい．

〔問6〕直接接地送電方式の得失を，他の接地方式と比較して述べよ．

〔問7〕電圧66kV，周波数50Hzの中性点消弧リアクトル接地方式送電線路がある．この消弧リアクトルは過補償10％のタップを使用するものとし，その損失は3％である．この場合，常時中性点に現われる電位の上昇は何Vとなるかを計算せよ．た

-59-

9 中性点接地方式の演習問題

だし，大地間線路定数は各線のもれコンダクタンスをいずれも $4\mu\Omega$，各線の静電容量をそれぞれ $0.41\mu F$, $0.40\mu F$, $0.39\mu F$ とし，その他の定数は無視するものとする．

〔問8〕次の □ に適当の答を記入せよ．

送電系統の中性点を □ とすれば，線路および機器の絶縁レベルを最も低くできるが，1線地絡時の故障電流が □ となるため，□ が悪くなり，また付近の弱電流電線に対する □ が □ となる．

〔問9〕次の □ の中に適当な答を記入せよ．

送電線の各相の対地 □ が等しくないと，中性点に □ が現われる．この場合，送電線の中性点と大地との間に消弧リアクトルを接続すると，送電線の □ と消弧リアクトルの □ とが共振状態となって，中性点の電圧が高くなることがある．この現象を消弧リアクトル系統の □ という．

〔問10〕次の問に対する答のうち，正しいものの一つの○の中に×印をつけよ．

送電線の対地静電容量を C 〔F〕とし，消弧リアクトルのインダクタンス L 〔H〕としたとき，消弧するための C と L との関係は．ただし，角周波数は ω とする．

$$A\bigcirc \omega LC=1,\ B\bigcirc \frac{LC}{\omega}=1,\ C\bigcirc \omega^2 LC=1,\ D\bigcirc \omega^2\sqrt{LC}=1$$

〔問11〕中性点を直接接地した系統の発変電所では，電気機器の絶縁耐力は一般に非接地および抵抗接地などの場合のそれに比べて，低減することができるが，この理由を説明せよ．

〔問12〕次の問に対する答のうち，正しいものを一つ選び，○の中に×印をつけよ．

送受両端に相等しい容量の消弧リアクトルを設置した送電線路で，その中央で1線地絡を起こした場合の零相電流の分布の図示は，

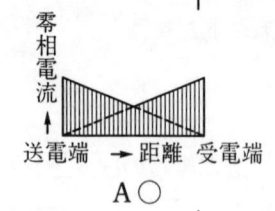

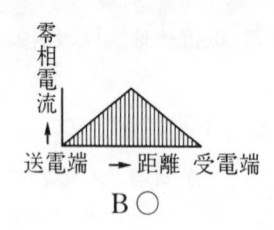

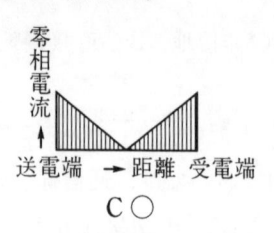

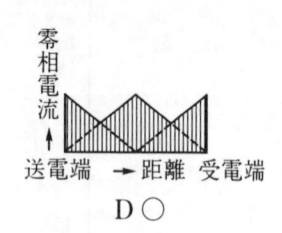

〔問13〕消弧リアクトル接地系統で，1線接地故障を生じた場合，故障点のアークが自然消弧される理由を説明せよ．また，消弧リアクトルを超高圧の長距離送電系統に使用することは，不適当である理由を述べよ．

〔問14〕中性点直接接地系統では，他の接地方式にくらべて，内部異常電圧は低減されるが，1線接地時の地絡電流は一般に著しく大となる．

この地絡電流が，機器および人畜に対して与えるおそれのある障害3項目について概要を述べ，かつ，それぞれに対する主な対策を列挙せよ．

9 中性点接地方式の演習問題

〔問 15〕送電線の中性点接地方式の種類とその得失について述べよ．

〔問 16〕線間電圧110kV，周波数50Hz，消弧リアクトル接地の3相送電線路において，電線1線当たりの対地静電容量は，それぞれ $C_a = 0.935\mu F$，$C_b = 0.95\mu F$，$C_c = 0.95\mu F$ であった．もし，消弧リアクトルの共振タップを使用した場合，常時，中性点の電位は何Vまで上がるか．ただし，消弧リアクトルの損失を2％とし，上記以外の定数はすべて無視する．

〔問 17〕送電系統の中性点接地方式の種類を挙げ，それぞれの種類ごとに，下記項目について比較せよ．
 （イ）接地事故時に健全相にあらわれる電圧　　（ロ）1線地絡事故時の電磁誘導
 （ハ）接地事故除去　　　　　　　　　　　　（ニ）1線接地時の安定度

中性点接地方式・演習問題の解答

〔問1〕　261 V
〔問2〕　リアクタンス，静電容量，並列，地絡
〔問3〕　B
〔問4〕　D
〔問5〕　誘導障害，高抵抗，消弧リアクトル，100～300，ピン
〔問6〕　略
〔問7〕　4 320 V
〔問8〕　直接接地，大，過渡安定度（安定度），電磁誘導電圧，大
〔問9〕　静電容量，残留電圧，対地静電容量，インダクタンス，直列共振
〔問10〕　C
〔問11〕　略
〔問12〕　C
〔問13〕　略
〔問14〕　略
〔問15〕　略
〔問16〕　16.8 kV
〔問17〕　略

索引

英字

△－△結線	45
1線地絡	46
50％フラッシオーバ電圧	19
T接続	54
V－V結線	45
π接続	54

ア行

アーク地絡	8
アーク電流	48
円板形懸垂がいし	12, 13, 22

カ行

がいし	10
がいしの絶縁	22
がいしの劣化	24
がいし汚損	21
がいし用磁器	10
架空地線	27
過補償	50
開閉サージ	4
開閉異常電圧	4, 7, 22
開閉所	45, 54
外雷	1
活線洗浄	22
乾燥フラッシオーバ電圧	19
キャパシタンス	17
基準衝撃絶縁強度	31
機械的強度	23
逆フラッシオーバ現象	29
クレビス形	12
経済的保護効率	28
結合係数	29
懸垂がいし	11, 19
懸垂クランプ	15
限流リアクトル接地	52
コロナ放電	21
拘束電荷	3
高リアクタンス接地	52

サ行

さい断波	33
再点弧	5
再点弧現象	7
残留電圧	8, 50
支持がいし	15
磁鋼片	2
自由電荷	3
遮へい角	28
遮へい環	16
充電電流	57
招弧角	16
消弧リアクトル	47
消弧リアクトルの構造	48
衝撃フラッシオーバ電圧	19
進行波	5
制限電圧	10, 31
制動巻線	9
静電誘導電圧	27
接地抵抗	51
接地抵抗器の定格	51
接地変圧器	46
絶縁協調	31
線路絶縁	10
選択遮断	55

タ行

耐塩がいし	15
耐霧用がいし	15
段絶縁	52
中性点電圧	49
中性点処理方法	45
注水フラッシオーバ電圧	19

索 引

長幹がいし 13
直撃雷 2, 28
直接接地方式 51
直列共振 8
直列共振回路 49
低抵抗接地 52
鉄塔電位の波高値 29
伝搬速度 5
電圧サージ 5
電圧分布 18
電荷の自由振動 5
電流進行波 6
塔脚接地抵抗 29
時定数 49

ナ行

内部異常電圧 4, 31
内雷 2

ハ行

波動インピーダンス 6
発生ひん度 2
避雷装置 31
非有効接地系統 31, 53
標準フラッシオーバ電圧値 19
標準衝撃波 3
ピン 11
ピンがいし 11, 15, 23
フラッシオーバ 2, 19
フラッシオーバ距離 17
不良がいし 25
ペテルゼン・コイル 46
並列共振 48
ボール・ソケット形 12
保護効率 28

マ行

埋設地線 29
曲げモーメント 24
漏れ距離 17

ヤ行

油中破壊電圧 21
有効接地系統 31, 53
誘導雷 2, 28

ラ行

ライン・ポストがいし 14
劣化がいしの検出 24
劣化原因 24

d‑book
送電線路の絶縁と中性点接地方式

2000年11月9日　第1版第1刷発行

著　者　　埴野一郎
発行者　　田中久米四郎
発行所　　株式会社電気書院
　　　　　東京都渋谷区富ケ谷二丁目2-17
　　　　　（〒151-0063）
　　　　　電話03-3481-5101（代表）
　　　　　FAX03-3481-5414
制　作　　久美株式会社
　　　　　京都市中京区新町通り錦小路上ル
　　　　　（〒604-8214）
　　　　　電話075-251-7121（代表）
　　　　　FAX075-251-7133

印刷所　創栄印刷株式会社
ⓒ2000IchiroHano　　　　　　　　　　　　Printed in Japan
ISBN4-485-42932-6　　　［乱丁・落丁本はお取り替えいたします］

〈日本複写権センター非委託出版物〉

　本書の無断複写は，著作権法上での例外を除き，禁じられています．
　本書は，日本複写権センターへ複写権の委託をしておりません．
　本書を複写される場合は，すでに日本複写権センターと包括契約をされている方も，電気書院京都支社（075-221-7881）複写係へご連絡いただき，当社の許諾を得て下さい．